Papia Palit
Debnath Palit

Atravessar o tempo

Papia Palit
Debnath Palit

Atravessar o tempo

Alcançar o passado através do presente no núcleo urbano antigo da cidade de Bardhaman

ScienciaScripts

Cover image: www.ingimage.com

This book is a translation from the original published under ISBN 978-3-659-88750-5.

Publisher:
Sciencia Scripts
is a trademark of
Dodo Books Indian Ocean Ltd. and OmniScriptum S.R.L publishing group

120 High Road, East Finchley, London, N2 9ED, United Kingdom
Str. Armeneasca 28/1, office 1, Chisinau MD-2012, Republic of Moldova, Europe
Managing Directors: Ieva Konstantinova, Victoria Ursu
info@omniscriptum.com

Printed at: see last page
ISBN: 978-620-8-54993-0

ÍNDICE

AGRADECIMENTOS

Reconheço respeitosamente a minha dívida de gratidão para com a Dra. Kuntala Lahiri Dutt, Professora Catedrática do Departamento de Geografia da Universidade de Burdwan, pela sua supervisão constante, sugestões construtivas, referências valiosas, avaliações críticas e orientação útil durante a preparação deste trabalho de fim de curso sobre Geografia Urbana.

Estou grato a outros professores deste Departamento, especialmente ao Dr. P.K. Sen, à Dra. Arabinda Biswas e ao Dr. Shukla Bhaduri.

Os funcionários deste departamento também me ajudaram muito, fornecendo-me vários instrumentos e mapas para a preparação desta dissertação.

Estou igualmente grato ao Dr. Subodh Mukherjee (um dos médicos mais antigos de Burdwan), que conhece bem a família Bardhaman Raj há 70 anos.

Estou igualmente grato aos funcionários deste município de Burdwan, especialmente a Suren Mondal (presidente), Badri Choudhury (vice-presidente), Sen (secretário) e Nirmal Chakrabarty, que me ajudaram fornecendo mapas do município de Barddhaman e alguns dados registados. Sri Anil Sarkar, do Gabinete de Recenseamento de Burdwan, merece os meus agradecimentos e apreço por ter fornecido os dados do recenseamento de 1991 do município de Bardhaman. Por último, estou igualmente grato ao Sr. Partha Sarathi Ghosh, do Departamento de Química, que deu forma definitiva a esta dissertação.

Papia Nandy Palit

PREFÁCIO

Os centros urbanos actuais estão a expandir-se em dimensão e importância relativa a um ritmo muito mais rápido. As vilas e cidades do Terceiro Mundo estão a aumentar em número e dimensão a um ritmo muito superior ao dos países desenvolvidos, especialmente durante as últimas três ou quatro décadas.

Este estudo começa com o padrão demográfico espácio-temporal da cidade de Barddhaman. A evolução histórica da cidade também foi discutida em grande pormenor para ajudar a compreender o uso do solo no passado e no presente, o padrão das ruas e as percepções dos residentes sobre o respetivo ambiente.

No entanto, o meu estudo centra-se principalmente na morfologia da parte antiga da cidade (sublinho que não se trata de toda a cidade, mas apenas de Rajbati e das zonas contíguas, que foram objeto de um estudo pormenorizado). Defini esta zona como o "núcleo urbano antigo" de Barddhaman (Kanchannagar, evidentemente, é mais antiga do que esta zona e, na minha nomenclatura, deve ser designada por "antiga").

Este tipo de estudo a nível micro só é possível através de um trabalho de campo muito personalizado. O inquérito por questionário também exigiu um conhecimento íntimo dos cantos e recantos da zona, bem como dos residentes.

O estudo completo está dividido em seis capítulos.

O primeiro capítulo trata dos objectivos do estudo, da extensão da área de estudo e da justificação para a seleção de Barddhaman como área de estudo. A metodologia e as limitações da base de dados também foram mencionadas neste capítulo.

O segundo capítulo explica a evolução histórica de Barddhaman, bem como o crescimento da população e a sua classificação entre as outras cidades de Bengala Ocidental de 1901 a 1981. A densidade da população - padrão temporal e espacial, a percentagem da população hindu e da população hindu não-bengalesa presente em diferentes bairros também foram abordados neste capítulo.

O terceiro capítulo aborda os diferentes aspectos do núcleo urbano, nomeadamente as caraterísticas da morfologia urbana, o padrão de utilização dos solos, etc. As caraterísticas de Barddhaman como cidade típica do terceiro mundo também foram mencionadas neste capítulo.

O quarto capítulo explica a identidade do local de nascimento dos inquiridos, a tendência de migração e a duração da estadia dos inquiridos na cidade de Barddhaman. A duração da estadia na residência atual, a estrutura idade-sexo, o estatuto educativo, os tipos e a diversidade profissionais também foram incluídos neste capítulo.

No quinto capítulo, foi discutida a situação económica dos inquiridos e as suas caraterísticas sociais, como a correspondência entre pessoas independentes e dependentes, grupos religiosos, tipos de casa dos inquiridos relacionados com antigos marajás e se gostariam de permanecer neste núcleo antigo. A perceção dos inquiridos sobre as comodidades urbanas, como as instalações de alojamento, a disponibilidade de alimentos, as oportunidades de educação, a ligação aos transportes, as instalações médicas, a recolha de lixo, os serviços de utilidade pública, a largura e a manutenção das estradas, a proximidade do local de trabalho, das lojas e dos bancos, também foi delineada neste capítulo.

O último e conclusivo capítulo faz uma observação global de todo o estudo.

CAPÍTULO 1

1. INTRODUÇÃO

Sede do distrito de Barddhaman, Barddhaman tem sido um importante centro urbano de Bengala Ocidental desde o passado histórico. Registou um crescimento sem precedentes do número de habitantes e de funções, especialmente após o crescimento das indústrias no distrito ocidental de Barddhaman, o desenvolvimento da indústria e de outras instituições de ensino, pelo que os aspectos dinâmicos do seu padrão demográfico merecem uma atenção adequada. Barddhaman é também um importante centro de comercialização que estabelece a ligação entre o leste agrícola e o oeste industrial do distrito.

1.1 Objectivos do estudo:

O objetivo geral do estudo é, como se depreende do seu nome, alcançar o passado através do presente numa passagem de tempo. No entanto, os objectivos mais específicos do estudo são:

i) Compreender a evolução do núcleo tradicional de uma cidade antiga como Barddhaman.

ii) Analisar o padrão morfológico atual deste núcleo urbano antigo.

iii)Analisar a sociedade que se desenvolveu no centro da cidade e nas suas imediações através de um inquérito por questionário.

1.2 Extensão da área de estudo:

A totalidade da cidade de Barddhaman não foi objeto de inquérito. Apenas o núcleo antigo de Burdwan (áreas contíguas a Rajbati), que se situa num raio de aproximadamente 1 km de Rajbati, está a ser estudado. O número de circunscrições pesquisadas é de seis, das quais as circunscrições 27, 28 e 29 foram pesquisadas na totalidade e as restantes, ou seja, as circunscrições 24, 25 e 26, foram pesquisadas parcialmente.

O rio Banka, que atravessa a parte central de Barddhaman, divide-a em duas metades - uma para norte e outra para sul. A área estudada está localizada na margem norte do Banka, estendendo-se aproximadamente entre 23^{0} 13' 47"N e 23°14'10"N de latitude e 87°5'30"E e 87^{0}51'26"E de longitude.

1.3 Justificação da seleção de Bardhaman como área de estudo:

As razões que justificam a escolha de Barddhaman como unidade de estudo são as seguintes

i) Barddhaman é um antigo centro urbano da Índia. Desde o período anterior à invasão grega na Índia, Barddhaman esteve sob o domínio de diferentes governantes em diferentes épocas da história, nomeadamente Gupta, Sen, Mughal, etc. Por último, foi governada pela família Raj, não bengalesa, até à independência.

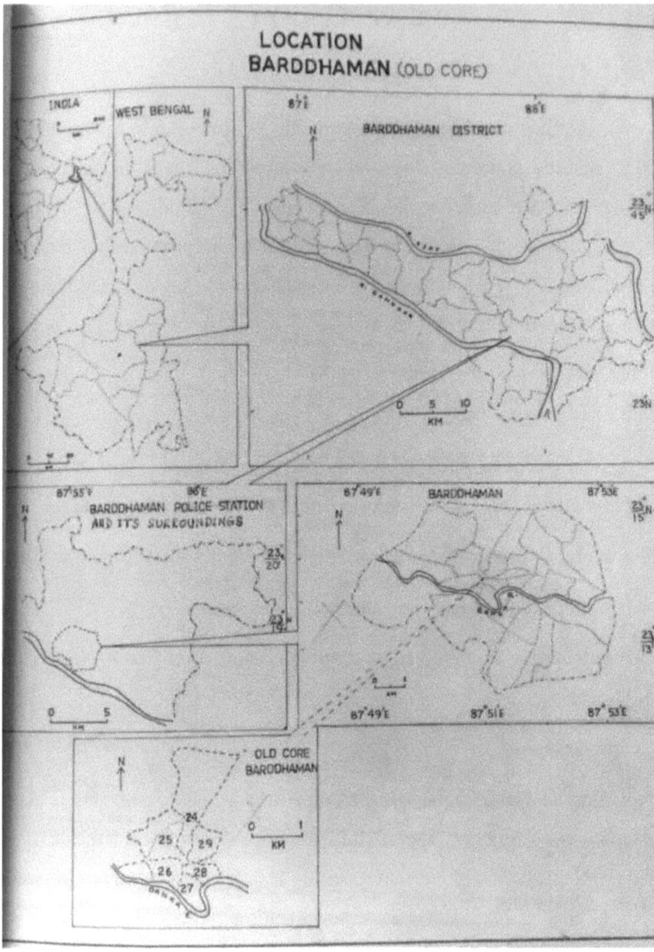

ii) A cidade está situada entre o próspero interior agrícola do distrito oriental de Barddhaman. A cintura industrial da cidade é constituída apenas por indústrias de transformação como os moinhos de arroz, os lagares de azeite, etc.

iii)Barddhaman desenvolveu-se como um centro comercial e de serviços. Mas o que é interessante é o facto de as grandes casas comerciais serem maioritariamente propriedade de não-bengaleses. Os antigos marajás de Barddhaman também não eram bengaleses.

iv)Barddhaman é um nó importante da rede ferroviária oriental. Tem boas ligações com o resto de Bengala Ocidental e com os estados adjacentes através das linhas ferroviárias e da estrada G.T.

v) A constante alteração da posição de Barddhaman desde 1901 entre as cidades de Bengala Ocidental também atrai a atenção da investigação académica. De acordo com o recenseamento de

1981, Barddhaman ocupa a 12.ª posição em termos de população em Bengala Ocidental.

vi)Barddhaman possui um rico património cultural e educativo desde o início do século XIX. Muito recentemente, Barddhaman alcançou um grande sucesso no movimento "Illiteracy-Drive" e afirma-se que ocupa agora a segunda posição na Índia em termos de nível de alfabetização e que cerca de cem por cento das pessoas são alfabetizadas.

1.4 Base de dados

Para cumprir o objetivo do estudo, as principais fontes de dados aqui utilizadas são os manuais do recenseamento distrital do distrito de Barddhaman de 1971 e 1981. Uma vez que o recenseamento de 1991 ainda não foi publicado, os dados relativos ao município de Barddhaman foram recolhidos junto dos serviços municipais de Barddhaman e dos serviços de recenseamento de Barddhaman. Os dados do Manual do Recenseamento de Bengala Ocidental de 1981 foram utilizados para preparar o gráfico que representa a posição de Barddhaman entre as cidades de Bengala Ocidental durante o século XX.

Para além dos dados secundários, foram recolhidos dados primários através de um inquérito por amostragem baseado num questionário preparado para medir as caraterísticas socioeconómicas dos residentes do núcleo antigo de Barddhaman e a sua perceção desta parte da cidade.

Os dados sobre as caraterísticas da utilização dos solos foram também recolhidos através de trabalho de campo pessoal, e o mapa foi elaborado com base nos mapas de base recolhidos no município de Barddhaman.

1.5 Metodologia

O principal aspeto da investigação neste trabalho está relacionado com a evolução do padrão de urbanização da cidade de Barddhaman desde o período de governo do Raj de Barddhaman até à atualidade, que deve o seu crescimento principalmente como uma cidade comercial e administrativa com poucas indústrias de pequena escala dentro dos seus limites municipais.

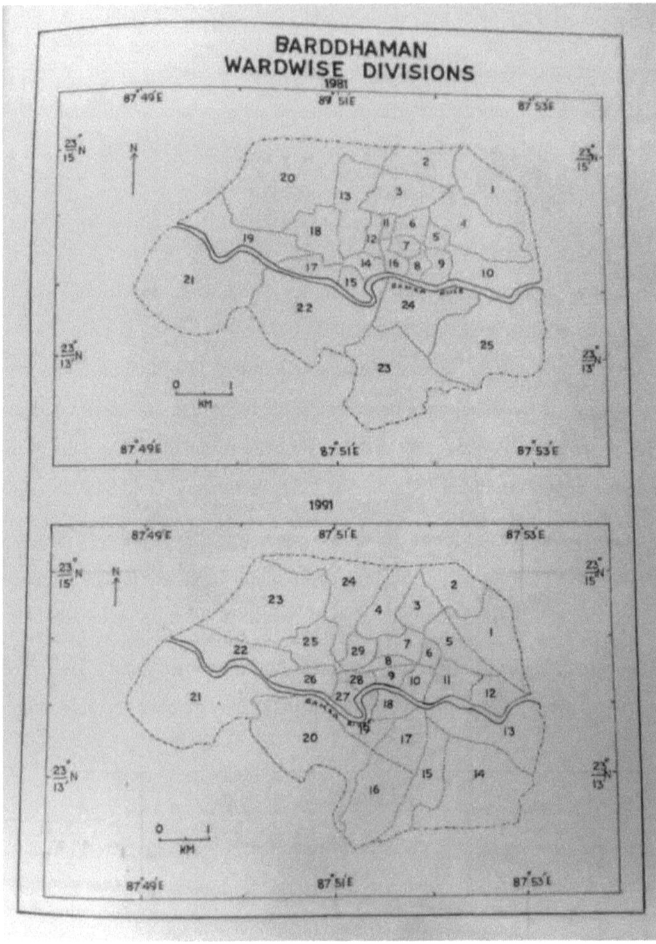

Para focar o objetivo do estudo, o trabalho analítico foi dividido em algumas componentes importantes.

i) Comportamento da população dos bairros que circundam o Rajbati;

ii) Composição por idade e sexo dos inquiridos;

iii)Crescimento da população, Migração;

iv)Estatuto socioeconómico dos inquiridos;

v) Composição étnica dos inquiridos;

vi)Nível de equipamentos urbanos; etc.

A classificação das diferentes caraterísticas urbanas baseou-se na síntese dos diferentes aspectos . O estudo baseia-se principalmente na recolha de dados primários (por inquérito porta a porta através do método de questionário), mapas e trabalho de campo. Foi selecionada a análise espacial de 29 bairros do município, que constituem a base das variações espaciais das caraterísticas demográficas.

A ênfase principal do estudo está na morfologia urbana atual e no estatuto económico da população. Para a análise espácio-temporal, foram utilizadas várias técnicas estatísticas, como o histograma, o diagrama de barras, o gráfico de tartes, o diagrama de estrelas, a pirâmide idade/sexo, o coeficiente de correlação, o índice de diversificação, etc. Por último, o mapa da morfologia urbana e as fotografias que mostram diferentes partes da área de estudo, bem como as caraterísticas da paisagem cultural, foram utilizados tanto para análise como para descrição.

1.6 Limitações

Alguns problemas enfrentados na preparação desta dissertação são os seguintes:

i) No ano de 1986, registaram-se grandes alterações nos limites dos bairros da municipalidade de Barddhaman. Foram incluídos alguns novos bairros, bem como uma reorganização aleatória dos antigos bairros. Por conseguinte, não é possível estabelecer uma comparação entre os antigos e os novos limites dos bairros. Consequentemente, não foi possível efetuar um estudo comparativo entre a situação de 1981 e 1991.

ii) Uma vez que os resultados finais do recenseamento de 1991 ainda não tinham sido publicados, não foi possível incluir os dados do recenseamento de todos os aspectos demográficos a nível de distrito. O presente relatório baseia-se essencialmente em dados primários. No entanto, para comparar todos os aspectos demográficos e as comodidades urbanas de Rajbati e dos bairros circundantes com outros bairros periféricos, alguns relatórios publicados teriam sido de grande ajuda. Consegui recolher alguns dados insignificantes junto do serviço de recenseamento de Barddhaman.

iii)O inquérito por questionário tem alguns inconvenientes. Nesta entrevista pessoal direta, as probabilidades de preconceitos pessoais e de parcialidade são maiores do que noutros métodos.

iv)Este método exige mais tempo para a recolha de informações do que os outros. Isto deve-se ao facto de as entrevistas só poderem ser realizadas de acordo com a conveniência dos inquiridos.

CAPÍTULO 2

A evolução histórica de Barddhaman

Este estudo histórico procura destacar os factores que sustentaram e alteraram o padrão da economia urbana e não apenas descrever as fases da sua evolução. Ao examinar a evolução de Barddhaman, foi dada especial atenção à análise da dinâmica do crescimento urbano.

Barddhaman, desde o período antigo, tem sido um famoso centro urbano de Bengala Ocidental. A sua posição e as suas vantagens em termos de localização fizeram de Barddhaman um centro de comércio bem conhecido. Paterson (1910) conjecturou que a atual cidade poderá ser a famosa cidade real dos Gangarides, um estado soberano fora do império Mourja. Mais tarde, Barddhaman fez parte dos reinos Gupta e Sen.

No final do século XII, os Mughals invadiram Bengala. Os centros administrativos dos mogóis assumiram gradualmente a forma de centros comerciais, dos quais Barddhaman era o mais importante, com Sher Afghan a governar como Zamindar.

O núcleo urbano de Barddhaman na época anterior a Mughal situava-se em Kanchannagar, ao longo do rio Damodar. Kanchannagar era o principal centro de fabrico local de ferro, mas foi gradualmente deslocado para leste-norte, uma vez que os governantes muçulmanos preferiram instalar-se na margem norte do rio Banka. Durante o domínio mogol, Barddhaman continuou a ser um centro importante no mapa político da Índia. A zona de Puratan chawk foi a principal povoação dos Mohamedans durante o período Mughal. Mais tarde, a sua importância aumentou devido ao estabelecimento do Raj de Barddhaman.

Advento da Família Raj

No final do século XVII, a cidade ficou sob a alçada dos Zamindari da família Raj. Segundo a tradição, o fundador original da grande casa de Burdwan foi Sangam Rai, um Khattri Kapur de Kotil, em Lahore, que, quando regressava de uma peregrinação a Puri, ficou impressionado com as vantagens de Baikunthapur, uma aldeia perto da cidade, onde se estabeleceu e se dedicou ao comércio e ao empréstimo de dinheiro.

O filho de Sangam Rai, Banku Bihari Rai, também se dedicou ao comércio e ao empréstimo de dinheiro. O filho de Bankubihari Rai, Abu Rai, foi nomeado Chaudhuri e Kotwalof Rekhabi Bazar na cidade em 1657 sob a direção do Faujdar de Chakla Burdwan (com um subsídio de 532 rupias por ano). É o primeiro membro da casa de que há registo histórico.

O seu filho Babu Rai, que possuía Pargana Burdwan e três outras propriedades, foi sucedido pelo seu filho Ghana Shyam Rai.

Após a morte de Ghana Shyam Rai, o seu filho Krishna Ram Rai sucedeu ao Zamindari, e entre outras novas propriedades adquiriu a pargana de Senpahari. Em 1689, foi agraciado com um farman do imperador Aurangzeb, no 38.º ano do seu reinado, confirmando o seu título de Zaminder e Chaudhuri de Pargana Burdwan.

Durante o reinado do imperador Aurangzeb, em 1696 d.C., Subha Singh, zamindar de Chitna e Barda, na altura uma parte de Burdwan, com a ajuda de Rahim Khan, um chefe afgan, ergueu a bandeira da rebelião contra o império. Nessa altura, todos os membros da família Raj são capturados por eles, exceto o seu filho Jagat Ram Rai.

Jagat Ram Rai, após a revolta de Subha Singh, aumentou ainda mais as propriedades familiares da casa de Burdwan, tendo sido honrado com um farman pelo imperador Aurangzeb. Deixou dois filhos, Kirti Chandra Rai e Mitra Sen Rai.

O irmão mais velho, Kirti Chandra Rai, herdou o Zamindari ancestral e acrescentou-lhe os Parganas de Chitna, Bhursut, Barda e Monoharshahi. O seu feito mais ousado foi atacar e derrotar o poderoso Raja de Bishnupur.

Após a morte de Kirti Chandra (1740), a casa de Burdwan foi sucedida pelo seu filho Chitra Sen Rai, que acrescentou as parganas de Mandalghat, Arsha e Chandrakona à propriedade paterna e foi investido com o título de Raja pelo Imperador de Deli.

Morreu no ano de 1744, sem descendência, e foi sucedido pelo seu primo Tilak Chandra Rai. Em 1753, ele (T.C.R.) foi honrado pelo imperador Ahmed Shah com um farman que reconhecia e confirmava o seu direito ao Raj e, alguns anos mais tarde, foi investido pelo Shah Alam com os títulos de "Maharaj Adhiraj Bahadur" e "Panch Hazari", ou comandante de cinco mil tropas.

Até à batalha de Plassey (1757), Barddhaman tinha principalmente quatro pontos focais de crescimento urbano. Estes eram Kanchannagar, Pirbaharam, Alamganj e Khaja Anower Berh, situados ao longo do rio Banka. Entre estes pontos focais, é visível uma deslocação dos centros urbanos para nordeste.

Os ingleses e o Raj de Burdwan

Após a Batalha de Plassey (1757), o zamindary de Burdwan foi cedido (26 de setembro de 1760) à Companhia das Índias Orientais pelo Nawab Mirmahammad Kashim Khan, o governador de Bengala. Maharaj Tilak Chandra não encarou a nova ordem de coisas sem oposição e desencadeou uma revolução aberta contra os britânicos, mas acabou por ser derrotado pelo Major White do exército britânico em 26 de dezembro de 1760. Maharaj Tilak Chandra morreu miseravelmente no final da década, deixando a sua família com o tesouro vazio.

Como o Maharaja Tej Chandra era muito mais novo (menor), a administração da propriedade de Burdwan e a cobrança de receitas foram colocadas nas mãos da sua mãe, a Maharani Bishtu Kumari, uma das principais opositoras de Warren Hastings. A Maharani manteve o controlo da propriedade e do distrito até 1779, data a partir da qual o Maharaja Tej Chandra assumiu a sua propriedade, tendo então começado a atravessar uma crise financeira. As autoridades fiscais tornaram a vida do Rajá miserável e o Rajá tornou o seu território muito pouco rentável para o Governo britânico. Em 1832, quando Tej Chandra morreu, Mahatab Chand, o seu filho adotivo, sucedeu ao trono.

Após a morte de Mahtab Chand, Aftab Chand (filho adotivo) subiu ao trono e, quando este morreu em 1875, a sua viúva adoptou Sir Bijoy Chand Mahatab Bahadur. Posteriormente, até à independência, Barddhaman foi governada por esta família Mahatab. Após dezassete anos de independência, ou seja, no ano de 1953, o sistema zamindari foi abolido e a Lei de Aquisição de Terras de Bengala Ocidental foi proibida, o que retirou o património à família Raj. O último Zaminder de Barddhaman Raj foi o Maharajadhiraj Uday Chand Mahatab. Esta família continua a viver no sul de Calcutá e conservou muito poucas propriedades na cidade de Burdwan.

2.1 Crescimento da população de Burdwan no século atual

A fim de explicar a evolução histórica do núcleo antigo de Barddhaman até ao século XX, o crescimento da cidade no século XX, a posição de Barddhaman entre outras cidades selecionadas de Bengala Ocidental, a densidade populacional em 1981 e 1991 (uma vez que os limites das alas de Barddhaman foram alterados em 1988) e, por último, a distribuição da população hindu e hindu não bengalesa na cidade.

O gráfico acima representa a taxa de crescimento decadal da população durante os 90 anos de 19011991. A partir da variação decadal da curva de crescimento da população, é evidente que a população de Barddhaman aumentou de 1901 a 1911 a um ritmo muito lento (2,56%). No entanto, a partir do ano de 1911 e até 1921, registou-se uma tendência de crescimento negativo da população de -3,63%. Este crescimento negativo deveu-se principalmente à ocorrência de epidemias, malária e gripe nos anos de 1919-1921, tendo-se registado também um aumento lento da população até 1931. Na verdade, este aumento lento pode ser explicado pela ocorrência de vários riscos físicos e doenças, para além da falta de instalações médicas. Mas depois de 1931, Barddhaman registou um crescimento populacional muito rápido até 1991-1941, com um crescimento tremendo de 58,79%, entre 1951-1961 com um crescimento de 43,58% e, por último, na década de 1981-1991 com um crescimento de 46,26%. Este facto deve-se à imigração em massa das aldeias vizinhas e do Paquistão Oriental após a divisão da Índia (1941-1991). Assim, podemos identificar o ano de 1931 como a principal "fratura demográfica de Barddhaman". Os dois mínimos (devido ao lento aumento da população) de 1951 e 1981 podem ser explicados pelas cheias devastadoras de Damodar que afogaram a parte sul de

Barddhaman.

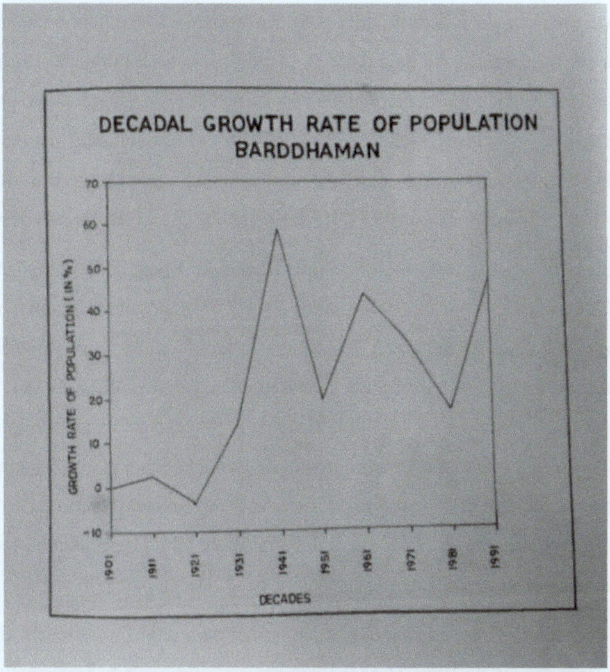
DECADAL GROWTH RATE OF POPULATION
BARDDHAMAN
GROWTH RATE OF POPULATION (IN %)
70
60
50
40
30
20
10
0
-10
1901
1911
1921
1931
1941
1951
1961
1971
1981
1991
DECADES

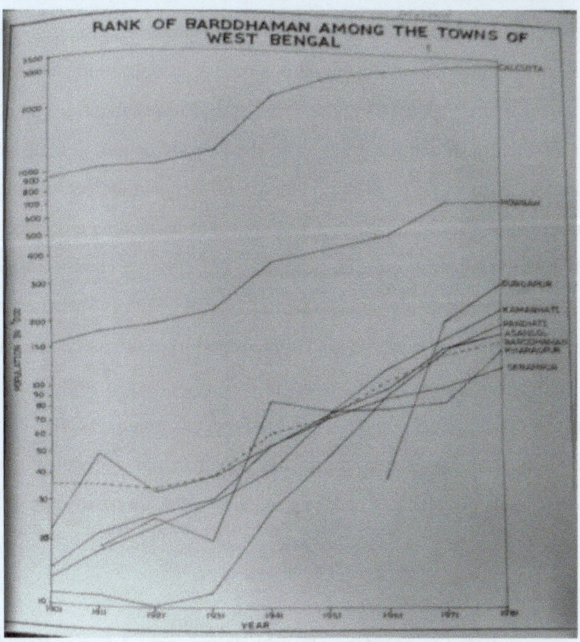
RANK OF BARDDHAMAN AMONG THE TOWNS OF
WEST BENGAL
CALCUTTA
HOWRAH
DURGAPUR
ASANSOL
BARDDHAMAN
KHARAGPUR
YEAR

2.2 Posição de Barddhaman entre as outras cidades de Bengala Ocidental

A classificação de uma cidade é determinada pelo seu número de habitantes. Quanto maior for a população, maior será a classificação da cidade. A classificação de Barddhaman entre as cidades de Bengala Ocidental tem mudado frequentemente ao longo do tempo, como mostra o gráfico elaborado para mostrar a evolução da classificação de Barddhaman entre as cidades de Bengala Ocidental durante o período 1901-1981. O gráfico mostra claramente que a posição de Barddhaman diminuiu gradualmente de 4.ª em 1901 para 12.ª em 1981. Há vários factos que explicam esta descida de posição.

Em 1901, Barddhaman era o quarto maior centro urbano de Bengala Ocidental, logo a seguir a Calcutá, Howrah e Serampore. Mas em 1911 passou a ser a sexta maior cidade, com o aparecimento de duas outras cidades acima de Barddhaman devido ao seu rápido aumento de população. Estas duas cidades eram Bhatpara e Garden Reach, ambas na área de conservação de Calcutá. Em 1921, a sua posição passou a ser a 5ª, devido à rápida diminuição da população de Serampur entre 1911 e 1921. Em 1931, Barddhaman era também a 5ª maior cidade de Bengala Ocidental. Mas, em 1941, a cidade perdeu a sua posição anterior e ocupou o 7º lugar. Este facto deveu-se ao rápido crescimento de South Suburban e Kharagpur entre 1931 e 1941. De facto, a partir de 1941, Barddhaman começou a perder rapidamente a sua posição anterior. Em 1951, a sua posição desceu para o 9.º lugar.

Na década de 1950, duas outras cidades que se ergueram acima de Barddhaman foram Asansol e Kamarhati. Durante a década de 1980, Barddhaman registou um elevado crescimento demográfico, pelo que ultrapassou Asansol e ocupou a 8ª posição. Mas, mais uma vez, com uma taxa de crescimento populacional relativamente mais baixa, foi substituída por várias outras cidades industriais da cintura urbana de Asansol-Durgapur e Calcutá-Hooghly. Assim, Barddhaman passou a ocupar a 11ª posição em 1971 e a 12ª em 1981 entre os centros urbanos de Bengala Ocidental. O facto de Barddhaman ter diminuído gradualmente a sua posição entre as cidades de Bengala Ocidental durante o período de 1901-81 é muito interessante. Barddhaman é apenas um centro comercial e de serviços. Não registou qualquer desenvolvimento industrial em grande escala. No entanto, após a independência e, mais particularmente, durante a zona de planeamento, vários centros urbanos conheceram um desenvolvimento industrial em grande escala. Também surgiram novos centros urbanos com uma cintura puramente industrial, como Durgapur. Com este crescimento rápido das indústrias, estas cidades registaram um crescimento populacional rápido e em grande escala. Por outro lado, sem qualquer instalação industrial em grande escala, Barddhaman não registou qualquer crescimento rápido e em grande escala da população e perdeu gradualmente a sua posição de 4º lugar em 1901 para 12º em 1981.

2.3 Densidade da população

A densidade populacional global é consideravelmente elevada para designar Barddhaman como um centro urbano. A densidade populacional tem dois aspectos diferentes:

2.3.1 Padrão e tendência temporal

Em 1971, a densidade populacional média era de 6324,41 pessoas por quilómetro quadrado, passando para 7385,88 pessoas por quilómetro quadrado em 1981. Assim, pode dizer-se que não se registou um crescimento acentuado da densidade populacional durante esta década. Mas atualmente a densidade populacional é consideravelmente elevada. De acordo com o relatório do censo de 1991, é de 14.364,32 pessoas por quilómetro quadrado. A partir deste padrão de crescimento, é evidente que durante a última década a densidade populacional aumentou consideravelmente com o rápido crescimento de Barddhaman.

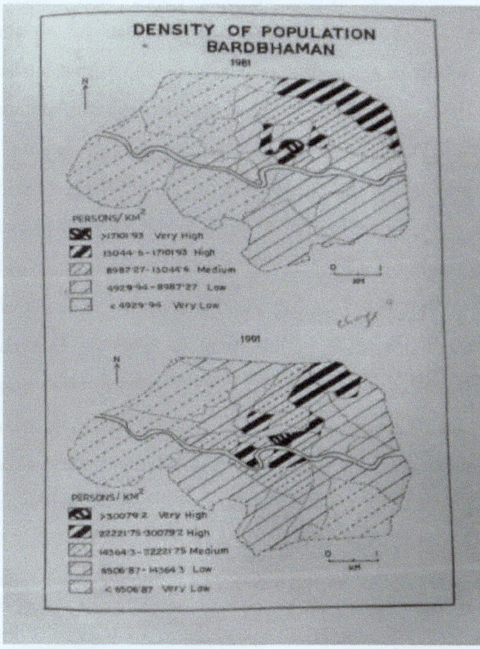

2.3.2 Padrão espacial

A imagem espacial de 1981 indica que a zona de maior densidade populacional era a parte central da cidade (área estudada), situada a norte do rio Banka. Esta zona abrange áreas como Uttarfatak, Barabazar, Nutanganj, Khoshbagan, Shyamsayer, Ranisayer, Sarbamangala para, Sadhanpur, Laksmipur, etc. Aqui, a densidade populacional era bem superior a 13045 habitantes por km2, coincidindo com a parte nordeste da cidade, de ambos os lados da linha férrea. A densidade populacional muito elevada, com 17380,95 pessoas/km2 , encontra-se no bairro nº 7, ao longo da estrada B.C. A densidade populacional média foi registada nos bairros 4 e 3, principalmente na zona de Khalui Bil e Rasikpur. O resto da área tinha uma densidade populacional baixa, variando entre 4929,94 e 8987,30 habitantes por quilómetro quadrado, abrangendo áreas como Balidanga, Sankharipukur, Jagatber, etc., na parte sul e sudeste da cidade. Uma densidade populacional muito baixa, entre 872,61 e 4929,94 pessoas por quilómetro quadrado, foi observada em Goda, Lakurdi, Kanchannagar, Idilpur mailnly, na parte ocidental e meridional da cidade. De um modo geral, a densidade global era elevada na parte central e baixa na periferia.

Atualmente, o padrão espacial da densidade é ligeiramente diferente do de 1981. O mapa de densidade de 1991 mostra que as zonas de elevada diversidade populacional se encontram nas zonas centrais situadas a norte e a sul do rio Banka, bem como no extremo nordeste. Nestas zonas, a densidade populacional é muito superior a 25 000 pessoas por km2 . Entre elas, a densidade populacional mais elevada, com 32589,47 pessoas por km2 , é observada no distrito n.º 9, principalmente na zona de Sarbamongala para. As restantes zonas de alta densidade são Birhata, Bhatchala, Puratanchawk, Bajepratappur, etc. Em 1981, a densidade populacional da zona de Puratanchawk era de 7672,22 pessoas por quilómetro quadrado. Em 1991, este número aumentou para 28308,33 pessoas por quilómetro quadrado. A principal razão por detrás desta quadruplicação é a imigração da população refugiada para esta zona, que vive em bairros de lata e trabalha nos moinhos de arroz como mão de obra e também noutros sectores informais. A densidade mais baixa encontra-se na zona de Kanchannagar- Udaypalli e Tarabag-Golapbag. Aqui, a densidade é de cerca de 5000 pessoas/km2. A razão subjacente à baixa densidade populacional da zona de Udaypalli-Kanchannagar é a importância decrescente destas zonas e também o facto de estas zonas se encontrarem efetivamente longe do principal foco atual da cidade. Mais uma vez, a densidade mais baixa na última zona deve-se aos seus edifícios institucionais que formam o campus da Universidade. O resto da cidade tem uma densidade populacional que varia entre 5.000 e 20.000 pessoas por quilómetro quadrado. Por último, pode dizer-se que, embora a densidade global seja consideravelmente elevada, as zonas periféricas têm uma densidade mais baixa do que as zonas centrais, exceto a parte nordeste.

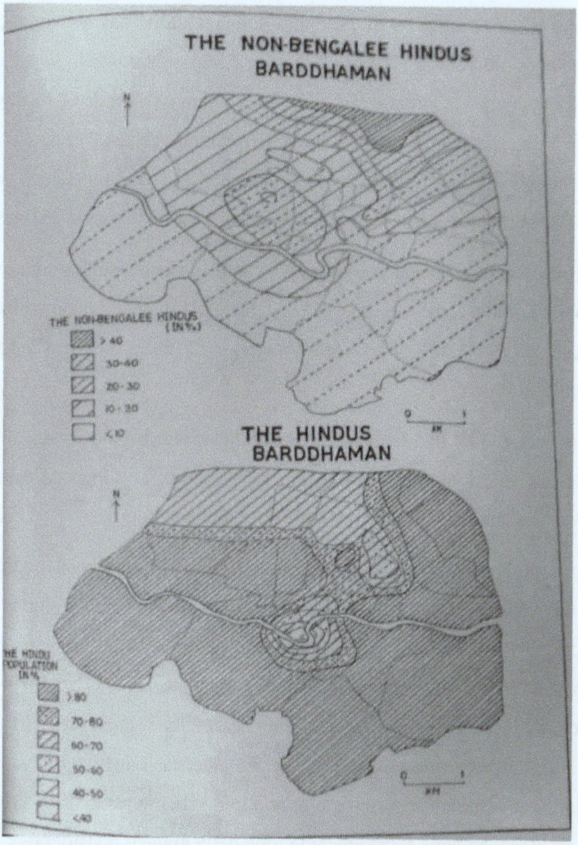

2.4 Os hindus e os hindus não bengaleses.

Os mapas mostram que a concentração máxima de hindus em geral ocorre em torno do Banka nala nas alas 1, 4, 10, 19, 17, 18, 21, 22, 23, 24, 25 e partes das alas 8, 9, 13 e 20. No entanto, o mapa mostra que a distribuição dos hindus que não são de Bengala varia em relação ao mapa anterior. Os hindus que não são de Bengala variam em relação ao anterior. Os hindus que não são de Bengala concentraram-se na zona de Rajbati.

Dado que Barddhaman é uma cidade antiga, a composição da sua população deve ser diversificada. A zona central de Barddhaman deve a sua existência principalmente aos marajás não bengaleses. Uma vez que os próprios marajás eram hindus não bengaleses de Lahore, com eles vieram vários grupos de outros homens de negócios não bengaleses de Lahore e das zonas adjacentes do Punjab e do Rajastão, especialmente durante os séculos XVII e XVIII. A maioria instalou-se em torno do palácio Raj e representa cerca de 25% do total da população hindu.

A concentração máxima de hindus não bengaleses ocorre na parte norte da cidade. No entanto, a explicação reside no facto de aqui os Sikhs terem sido incluídos nas considerações. Aqui, a sua percentagem em relação ao total de hindus é bastante superior a 40%. Estes migrantes vieram principalmente do Punjab após a partição. Têm um Gurudwara na estrada G.T., perto da paragem de autocarros de Tinkonia. Esta comunidade não tem qualquer relação com os antigos Rajas de Barddhaman e entrou na cidade relativamente mais tarde do que os parentes dos antigos Rajas. Esta comunidade dedica-se sobretudo aos transportes e funções conexas e reside ao longo da estrada G.T.

A maior parte dos hindus não bengaleses que vivem em torno do núcleo antigo de Barddhaman dedicam-se a negócios como o comércio grossista de tabaco (conhecido localmente como Sukhapata), a moagem de legumes, etc. Esta concentração é menor na parte sul de Banka nala devido ao predomínio da população hindu.

Um segmento mais pequeno de não-bengaleses veio também de Bihar, Orissa e UP. Estas pessoas são essencialmente pobres, vivem em "Bastis" em Lakshmipur, ao longo da estrada G.T., e estão envolvidas em diferentes actividades como mão de obra marginal.

Na conclusão do capítulo, podemos resumir a discussão acima sobre a evolução histórica de Barddhaman, o seu crescimento, a sua posição relativa e a percentagem de hindus e não-bengaleses aqui presentes. Barddhaman é uma cidade antiga com uma cultura rica e património histórico. Durante ºséculo XX, o crescimento da sua população foi lento até 1931, após o que registou um crescimento rápido. Durante este século, a sua posição desceu do 4º lugar em 1901 para o 12º lugar em 1981. Este facto deve-se provavelmente à falta de instalações industriais em grande escala e de emprego associado, bem como ao crescimento mais rápido de muitos centros urbanos em Bengala Ocidental do que em Barddhaman. A presença de uma percentagem considerável de população não bengalesa indica que em Barddhaman existem múltiplas oportunidades no sector do comércio.

CAPÍTULO 3

O núcleo urbano: Vários Aspectos

Introdução

O núcleo urbano é frequentemente a parte mais antiga de uma cidade a ser construída e, por conseguinte, a primeira a receber os golpes do tempo. Conserva a história no seu traçado viário, na utilização do solo e nos edifícios.

Neste capítulo, estudaremos os vários aspectos da história que se mantêm na morfologia do núcleo antigo de uma cidade. Sendo Barddhaman uma cidade antiga, espera-se que este estudo nos ajude a compreender a natureza do núcleo antigo do centro urbano.

a. Identificação do núcleo urbano antigo

As cidades estão a crescer a um ritmo acelerado e o mundo está a urbanizar-se muito rapidamente. À medida que o processo de urbanização continua, a cidade ultrapassa o seu limite legal e espalha-se pela paisagem circundante. Nos países ocidentais, um núcleo urbano bem demarcado coincide com a C.B.D. e é frequentemente o centro comercial da cidade. As indústrias também funcionam como o centro das actividades urbanas.

No entanto, as cidades indianas caracterizam-se pela ausência de atividade industrial em geral. Na maior parte das cidades indianas, que são anteriores à nossa independência, continua a existir um núcleo ou núcleo antigo, apesar dos desenvolvimentos, acrescentos e modificações modernos posteriores.

Haddon (1975) aponta algumas caraterísticas que podem ser utilizadas para identificar esses antigos núcleos de áreas urbanas. Nem todas elas se aplicam a Barddhaman, mas as que se aplicam são as seguintes

(a)O padrão de rua

O núcleo antigo de Barddhaman tem uma disposição de ruas mais desordenada do que as zonas mais recentes. Esta parte da cidade tem ruas estreitas e sinuosas como Mithapukur, hatipukur, Amratala lane, Sonapatti, Pageyamahal Road, D.N Sarkar road, Pirbaharam Road, etc. Existem também numerosas vias secundárias e vias sem saída (que terminam em frente a um edifício). Estas vias sem saída são numerosas na zona de Shyambazar. Mesmo a estrada mais larga da parte antiga, a Bijoy Chand Road, torna-se subitamente estreita e sinuosa neste troço, causando estrangulamentos no trânsito.

(b)Nomes de ruas

Um aspeto importante das cidades primitivas era o mercado, e as ruas "Mercado" ou "Barato" são susceptíveis de indicar a sua localização. O nome da rua "Barabazar" indica a sua localização em redor do mercado. O termo "Ganj" é utilizado para designar o mercado. Assim, a partir da "terminologia", as zonas de Nutanganj e Alamganj podem ser diferenciadas de outras zonas.

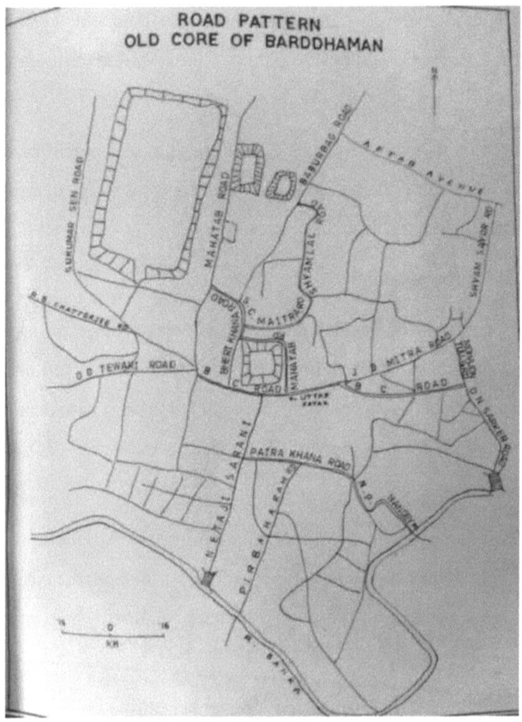

Os termos "Sulipukur", "Mithapukur", "Hatipukur" demarcam a área construída em torno de tanques maiores.

Os nomes de ruas como "Pageya mahal" e "Mayurmahal" ajudam a compreender que esta zona foi outrora dominada por governantes muçulmanos. A "Pirbaharam Road" também indica o mesmo domínio. As zonas de "Uttar Fatak" e "Western Fatak" indicam geralmente as portas norte e oeste do palácio Raj.

(c) Templos e mesquitas

No núcleo antigo, há normalmente um conjunto de templos e mesquitas. Os templos mais importantes desta zona são o templo de Laxmi Narayanjee, Sonar Kalibari, Radhaballav, Kunjabihari, Hanumanjee, etc. Todos eles foram construídos durante o reinado de Barddhaman Raj. Na zona dominada pelos muçulmanos, as mesquitas mais importantes são a "Sahi mosjid" ou "Zumma moszid", o túmulo de "Kutabuddin", "Sher afgan" e "Khakkar Sahib".

(d)Mapas antigos: Não existem mapas antigos no município de Barddhaman.

(e) Idade dos edifícios

No núcleo antigo da zona de Shyambazar, Mayur mahal, Nutanganj, Dighirpool, encontram-se numerosos edifícios antigos. Por vezes, estes edifícios são substituídos por outros mais recentes.

(f) Topografia

O local exato da povoação deve depender da natureza do terreno e da disponibilidade de água do rio Banka. O núcleo antigo de Barddhaman também se desenvolveu em terreno elevado, longe do Damodar, que é um rio inundável, e da zona de Kanchannagar, que é anualmente inundada. O terreno inclina-se gradualmente para norte em direção à estrada G.T. e para sul em direção ao Banka. No entanto, o Banka está bem contido por pontes e diques e a sua área de transbordamento situa-se longe do núcleo, a sudoeste, perto da zona de Bhatchhala.

Identificado o núcleo urbano, passamos a discutir o uso do solo e outras caraterísticas desta parte antiga da cidade.

The North Gate of Raj Palace

The narrow lane in Sonapatti where a cluster of jewellery shops are found. Note the paved surface and open drains on both sides

Coexistence of a Mosque and a temple:Mayurmahal bears the evidence of successive rulers and their religions

Old residential houses in Puratan Chawk:the Muslim influence in architectural style is notable

Old and shabby houses bearing evidence of past glory:Pageya Mahal

The Kachari which now houses the settlement office

b. Caraterísticas da Morfologia Urbana

Na superfície terrestre, as populações e os edifícios aglomerados constituem as cidades. A cidade, enquanto unidade que se apresenta na superfície terrestre, tem dois aspectos associados. O primeiro é a localização ou posição, o segundo é a forma ou estrutura interna. De facto, os geógrafos urbanos, confrontados com o tecido da cidade, pois muitas das estruturas e grande parte da forma são herdadas de períodos passados. Como Barddhaman é uma das cidades mais antigas de Bengala Ocidental, a antiguidade dos edifícios no local central, rajbati e áreas circundantes reflecte a sua estabilidade de longa data.

A morfologia de uma cidade descreve o formato espacial da urbanização. À medida que uma cidade cresce, o desenvolvimento socioeconómico retém e mantém vivos alguns elementos da história. Como resultado, a morfologia urbana tem uma expressão dupla como "qualidade genética", que se manifesta através de séries temporais e como marcas visuais que mostram as realizações do homem juntamente com o sistema de organização ou estabilidade estrutural no formato espacial. Smailes (1953) chamou-lhe townscape - a paisagem urbana.

c. Utilização do solo do núcleo antigo - Barddhaman

A grande mistura de usos do solo nas cidades indianas difere marcadamente da habitual segregação de usos do solo que se verifica nas cidades anglo-americanas. Este é o resultado de uma longa história de desenvolvimento compacto e da necessidade contínua de deslocação a pé entre a residência e o local de trabalho. Do mesmo modo, a utilização comercial do solo nas zonas urbanas indianas, como Barddhaman, tem poucas semelhanças com a das cidades anglo-americanas.

1) Em Barddhaman não existe uma zona comercial central bem definida, para a qual todas as estradas e transportes públicos conduzem. Os estabelecimentos comerciais individuais são pequenos. Muitos deles combinam o fabrico e a venda do mesmo artigo, como as joalharias em Sonapatti. Ou seja, todos os fabricantes estão completos para o mesmo artigo. Dentro desta elevada concentração, encontramos algumas excepções, com lojas de doces, artigos de papelaria, relógios e ceras. Esta última é uma matéria-prima importante para a fusão do ouro.

2) Vários tipos de bens e serviços são armazenados em zonas especializadas que, no seu conjunto, formam o Chandni Chawk na zona de Barabazar. Esta zona de chawk era famosa pela sua superioridade e fornecimento de vestuário durante o reinado real. Atualmente, a zona do chawk perdeu a sua importância em comparação com o centro de mercado desenvolvido no bazar de Raniganj, que fica mais perto da estação e da paragem de autocarros. No entanto, o palácio Raj também perdeu a sua antiga importância económica.

3) Este antigo bazar Chawk é complementado e ensombrado pelo mais jovem Central Business District de estilo anglo-americano. Estes centros são geralmente inspirados em centros estrangeiros, mas são de menor escala e tendem a ser menos compactos e misturados com outros tipos de utilização do solo.

Após o pôr do sol real, o palácio das famílias de Barddhaman Raj foi doado para fins de bem-estar público (educação). Atualmente, a sede da Universidade de Burdwan era a residência principal dos marajás. Atualmente, no campus deste palácio existe um banco estatal, uma escola de música Padmaja Naido, um museu e uma galeria de arte, a residência do vice-reitor da Universidade de Burdwan e de alguns funcionários da universidade e a estação de correios de Rajbati. Atualmente, o Maharajadhiraj

Uday Chand Womens' College fazia parte de Ranimahal. As outras partes deste mahal formaram a sede da povoação.

Os marajás Barddhaman construíram um grande número de templos como o Templo Laxmi Narayan, Radhaballav, Goyalbari, Kunjabihari, Bankubihari, Sonar Kalibari, com 108 Shiva Linga. A maior parte deles situa-se num raio de 1 milha do Palácio Raj. No campus do templo Laxmi Narayan foi criada uma escola para invisuais pela Bharat Mata Sangha (uma samiti local). Para além desta escola, existe um jardim de infância, Barddhaman Bharati. O diretor desta escola é um não-bengalês cujo pai e avô foram outrora porteiros do templo. Há três gerações que residem em Barddhaman. Existe também uma escola primária chamada Laxminarayanji Primary School.

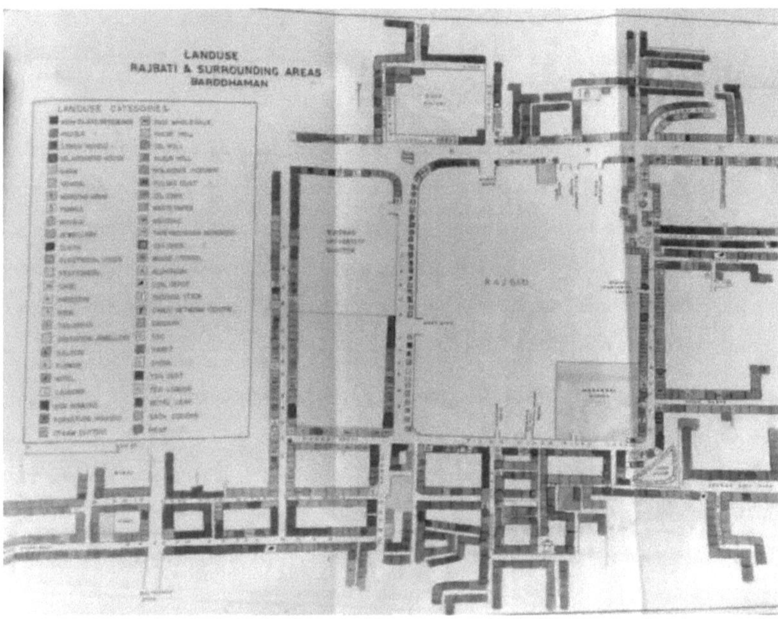

A part of the chawk area in front of the Raj palace

Raj School in Nutanganj

Vegetable market in Nutanganj

Entre as escolas mais antigas aqui localizadas, destacam-se a Maharani Adhirani Girls' High School, criada pelo Maharaja Tej Chandra em nome da sua esposa Kamal Kumari e a Barddhaman Raj Collegiate School, criada por Tejchandra (1817) e desenvolvida por Mahtabchand (1881).

A antiga residência de Banbihari Kapoor, conhecida como "Banabas Kutir", tornou-se agora num albergue para estudantes universitários.

Existe uma escola de ensino médio hindi mesmo em frente ao gabinete da povoação para a população de língua hindi desta localidade.

Rajbati e as zonas circundantes recebem serviços bancários de vários bancos estatais, bancos indianos, etc. O Banco Estatal da Índia está localizado no campus da universidade, bem como em Nutanganj e Alamganj, o Banco Indiano em frente ao gabinete de liquidação e no mercado de Manoka (mesmo ao lado do "Banabas kutir"). As instalações dos correios também são muito boas. Os habitantes têm acesso às instalações de Rajbati, Nutanganj, Shyambazar, etc.

4) A venda por grosso de produtos alimentares está geralmente localizada fora da área principal de

Chawk, que se designa por " retail outlet". Os armazéns de melaço, os armazéns de leguminosas em pó (feijão), os moinhos de farinha, os moinhos de óleo, os armazéns de bagaço de óleo, os armazéns de bhusi, o comércio grossista de resíduos de papel, as lojas de utensílios de latão, etc., são alguns dos produtos vendidos por grosso.

5) O mercado retalhista situa-se em Barabazar, que era a zona original do chawk da cidade velha. Esta zona comercial não serve apenas os residentes locais, mas a sua esfera de influência estende-se a uma área muito mais vasta, particularmente às zonas noroeste e periféricas da cidade. O mercado retalhista começou a estender os seus tentáculos de polvo ao longo das vias arteriais, nomeadamente a estrada B.C.

Nesta grande área comercial, podem ser identificados pequenos grupos de funções/actividades localizadas. Uma grande área especializou-se em joalharias; do mesmo modo, os artigos perecíveis, como lojas de doces, frutas e legumes, estão agrupados.

6) Ao longo da cidade velha e em pontos mais localizados, existem alguns subcentros menores e unidades de retalho independentes, como Verikhana e West Gate da zona de Rajbati, com áreas de serviço muito restritas.

7) Estas áreas são novamente complementadas por inúmeros vendedores ambulantes e pequenos comerciantes que ocupam o passeio e partes da B.C Road ao longo do limite norte de Rajbati e também ao longo de Netaji Sarani, seguindo o limite oeste de Rajbati. Ao longo deste limite ocidental, predominam os artigos perecíveis, como carne, ovos, legumes, etc. Para além destes, são importantes os artigos de papelaria, alfaiataria, reparação de gravadores, etc. Ao longo da estrada B.C., os artigos dos vendedores ambulantes são tecidos, sapatos, relógios, alfaiataria, fornos, flores, utensílios, jóias de imitação, livros, ovos, revistas, etc.

8) O uso do solo mais importante em Barddhaman é o residencial. A elevada densidade populacional nesta zona deu origem a algumas caraterísticas peculiares do desenvolvimento residencial.

Em primeiro lugar, há uma grande diferença na obtenção de comodidades urbanas como a recolha de lixo, serviços de utilidade pública, etc.

Em segundo lugar, observa-se uma expansão horizontal do edifício e o espaço vertical é muito pouco utilizado. As altas densidades ocorrem em áreas de edifícios de um ou dois andares.

A terceira caraterística é a presença de bairros de lata em terrenos abertos no interior da zona de Puratan Chawk, em redor do moinho de arroz, frequentemente habitados pela população refugiada que trabalha no moinho de arroz.

Existem alguns moinhos de arroz nos arredores da zona antiga da cidade. Na maioria dos casos, não favorecem a expansão residencial. Criam ambientes pouco atractivos e uma organização ineficaz das fábricas.

A zona residencial da classe alta situa-se em Nutanganj, na parte sudoeste da região. Algumas residências de classe alta também se encontram em Dighirpool. A maioria destas casas é utilizada como residência dos empresários locais, que exercem as suas actividades comerciais não muito longe das suas residências. O mercado grossista também está localizado perto da zona residencial da classe alta. A zona residencial da classe média, pelo contrário, está estreitamente associada à zona do mercado retalhista de Barabazar-Mithapukur-Amratala.

d. Barddhaman (principalmente o núcleo antigo) como uma cidade típica do Terceiro Mundo

As formas urbanas no Terceiro Mundo apresentam uma rica diversidade herdada de diferentes tradições e culturas e mediada por forças contemporâneas variáveis. A cidade de Barddhaman não é uma exceção a esta regra. O foco das actividades urbanas na cidade tem mudado com o tempo. Inicialmente, Kanchannagar era o principal foco de Barddhaman. A razão subjacente ao crescimento deste foco é o facto de Kanchannagar estar situada na margem do rio Damodar e o sistema de comunicação da época ser essencialmente fluvial. O Damodar era uma importante rota comercial e Kanchannagar era um nó importante.

Desenvolvimento do período Mughal

Durante o período Mughal, a zona de Puratan Chawk foi desenvolvida como a principal zona residencial da cidade. A zona continua a ser dominada por residentes muçulmanos. Mais tarde, a Companhia das Índias Orientais desenvolveu Kuthies, como centro de coleta de receitas na zona de Radhanagar.

Desenvolvimento durante o Raj de Barddhaman até à década de 1850

A família Raj de Barddhaman construiu o seu local de trabalho e palácio residencial na parte central da cidade. Atualmente, esta zona é conhecida como Rajbati Uttarfatak Area e é ocupada principalmente por famílias ricas não bengaleses e famílias de negócios bengaleses e famílias da classe média (serviços). Estas famílias de empresários não bengaleses vieram para Barddhaman juntamente com a família Raj de outros Estados fora de Bengala Ocidental. Começaram a desenvolver-se novos aglomerados urbanos em torno da zona do "Krishna Sayar Park".

O advento dos caminhos-de-ferro 1850-1940

Com a chegada do caminho de ferro, em finais de 1854, desenvolveu-se outro núcleo importante na parte nordeste da cidade. Após a construção do Bijoy Toron, em 1903, as zonas de Rajbati e Bijoy Toron começaram a desenvolver-se e a tomar a forma de uma zona comercial movimentada.

Desenvolvimento pós-independência

No período pós-independência, surgiram mais três núcleos para o crescimento da povoação urbana. O primeiro é o campus universitário de Golapbag [criado durante o mandato do Dr. Uday Chand Mahatab (1905-1984)]. Tarabag (bairros residenciais, albergue para senhoras) e as partes norte, ocidental e oriental do parque Krishna Sayar são principalmente zonas de blocos de ensino.

O segundo, nas imediações da estrada de Sadarghat, perto de Sankharipukur, Kanainatsal, Nilpur, etc.

O terceiro na zona de Kalibazar, perto do complexo do tribunal civil e ao longo da estrada de Kalna.

Friedman & Wulf (1976) apontaram quatro caraterísticas das cidades do Terceiro Mundo. Estas são a morfologia, a ecologia, a organização social e a economia. Mas entre as quatro, apenas uma caraterística (morfologia urbana) na cidade de Barddhaman é proeminente através do meu trabalho de campo.

A morfologia urbana é constituída por três elementos básicos - o uso do solo, o traçado das ruas e o estilo arquitetónico. Destes, o primeiro é o mais dinâmico e o segundo o menos. Resiste a qualquer tipo de mudança em resposta a estímulos.

O termo "utilização da terra" designa as actividades humanas diretamente relacionadas com as terras. Também pode ser chamado de 'uso humano da terra' ou 'actividades humanas na terra', o que implica que diz respeito tanto às pessoas como à terra. De acordo com Doxiadies, 'o espaço, natural ou feito pelo homem, utilizado pelo homem, faz parte do povoamento e o espaço de um povoamento acomoda todas as funções do homem e pode ser reconhecido pelas suas marcas na natureza'. Diferentes comunidades desempenham diferentes funções. As comunidades urbanas desenvolveram-se em resposta às nossas necessidades sociais e económicas. A quantidade de terra utilizada por actividades específicas e a sua distribuição espacial reflectem as exigências deste sistema.

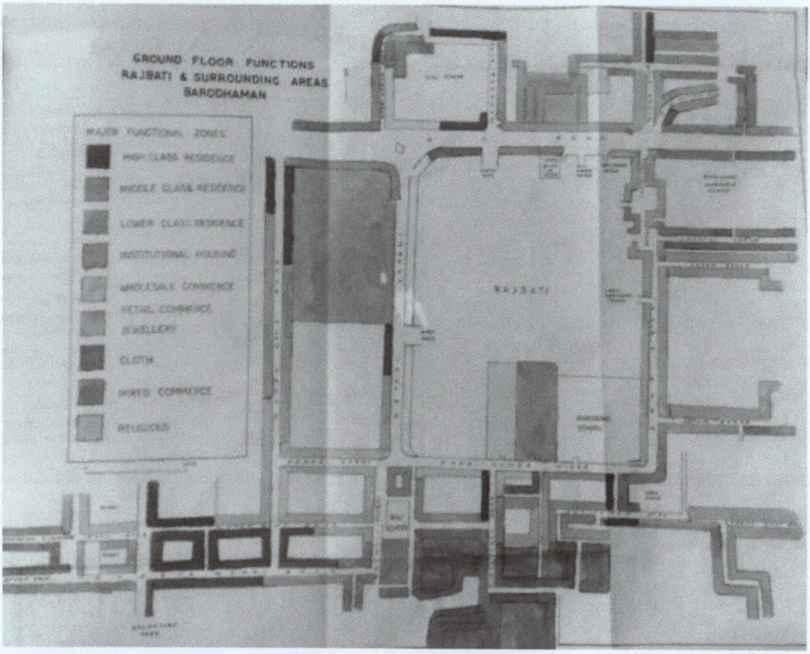

i) Na cidade de Barddhaman (principalmente Rajbati e áreas circundantes), o padrão ou disposição existente de utilização do solo, embora essencialmente funcional, não constitui um critério de conceção comunitária recente.

ii) Este padrão é, em grande medida, uma herança do passado.

iii)As zonas urbanas cresceram sob diferentes pressões e

iv)Foram submetidos a uma multiplicidade de caprichos e desejos pessoais ou colectivos. (alta densidade populacional)

O mapa da morfologia urbana de Rajbati e das zonas circundantes mostra que, tal como muitas outras antigas cidades indianas, Barddhaman tem uma longa história. Consequentemente, existe uma densidade populacional muito elevada em zonas relativamente pequenas e uma densidade populacional relativamente baixa noutras grandes zonas.

(Presença de Bustees)

Para além deste contraste de densidade, os centros urbanos imdianos de média dimensão, como Barddhaman, são também marcados pelo povoamento temporário. Trata-se das aglomerações "bustees" ou "tintown". Em Barddhaman, localizam-se nos interiores de Puratanchawk e perto do parque Kalpataru.

(Padrão rodoviário contrastante)

Outra caraterística interessante da utilização do solo de Barddhaman (Rajbati e zonas circundantes) é o padrão rodoviário e de circulação contrastante entre as "partes antigas e novas". A zona antiga da cidade tem ruas estreitas e sinuosas como a rua Mithapukur, a rua Hatipukur, a rua Amratala, a rua D.N. Sarkar, a rua Pirbaharam, etc. A estrada mais larga presente na parte antiga é a Bijoy Chand Road (B.C Road), que também se torna subitamente estreita e sinuosa neste troço, causando engarrafamentos de trânsito.

(mistura de transportes)

Para além disso, há uma mistura de transportes que complica ainda mais a circulação. A maioria das pessoas vai a pé de um sítio para o outro. Não há serviço automóvel na zona antiga. Apenas quatro autocarros urbanos servem a zona de Rajbati para o tribunal civil e outras zonas e de Rajbati para Kanchannagar. Os únicos meios de transporte para distâncias mais curtas são o riquexó (para os habitantes da cidade) e o carro de bois, o riquexó de carrinha (para os que se deslocam à cidade para tratamento médico, venda de produtos agrícolas como palha, legumes, arroz, leguminosas, etc. e produtos lácteos). Esta mistura descontrolada de modos de transporte é, simultaneamente, o criador e o produto da elevada mistura de usos do solo, especialmente na parte mais antiga da cidade de Barddhaman.

Conclusão: De um modo geral, o núcleo antigo de Barddhaman revela os traços caraterísticos de uma cidade tradicional indiana. O uso do solo, bem como o traçado das ruas, cresceram em resposta às necessidades de uma cidade administrativa e comercial. O núcleo antigo há muito que deixou de ser o centro das actividades urbanas, mas as forças de compactação que deram origem a esta área densamente construída ainda são reconhecidas. Aqui, num espaço limitado, está representado um grande número de funções urbanas. O resultado inevitável - a mistura de usos do solo - também não é aleatório, mas mantém um padrão distinto.

Slum housing in the peripheral areas of rice mills in Alamganj

CAPÍTULO 4

Padrão demográfico e profissional dos inquiridos

Introdução

Neste capítulo, a discussão principal será limitada a duas rubricas principais - padrão demográfico e profissional dos inquiridos, de acordo com o inquérito realizado em Rajbati e nas áreas circundantes.

4.1 O inquérito por amostragem

O inquérito foi realizado com base num questionário previamente preparado. O questionário era composto por 17 perguntas, das quais 15 incidiam sobre os dados pessoais dos inquiridos e 2 sobre a perceção que os inquiridos tinham do seu meio envolvente. Os inquiridos foram selecionados de forma aleatória, sem qualquer critério especial. De uma população total de 37 mil pessoas, 300 foram inquiridas através do questionário. Os resultados constituem a base do presente capítulo. Um questionário preenchido é apresentado em anexo como exemplo. A entrevista inteira demorou cerca de 30 minutos a ser conduzida por mim, uma vez que as perguntas e respostas estavam pré-estruturadas. Após a contagem das respostas, foram calculados os valores percentuais e os resultados foram representados graficamente.

As perguntas feitas aos inquiridos visavam descobrir o seu local de origem. Esta pergunta tinha duas vertentes: a sua terra de origem ou de origem, e o local imediato de onde vieram para Barddhaman. As perguntas sobre a duração da estadia destinavam-se a medir o seu nível de associação a esta parte da cidade. As perguntas sobre a ocupação foram feitas para focar a natureza da economia urbana da zona.

Nas páginas seguintes é apresentada uma análise dos resultados.

4.2 Identidade do local de nascimento dos inquiridos

Entre os 300 inquiridos das alas 24, 25, 26, 27, 28 e 29, cerca de 50% da população nasceu na cidade de Barddhaman. Cerca de 18,37% nasceram no distrito de Barddhaman.

UNIVERSITY OF BURDWAN

Department of Geography

Socio Economic Survey of Residents : Rajbati & surrounding areas.

A. Respondent's identity

1. Name : Prof. D. K. CHAUDHURI
2. Address : 25, RAJBATI NORTH GATE, BURDWAN - 713104
3. Age : 64 years old Sex : Male
4. Occupation: Teaching, Professor in Zoology & Director Academic Staff College, Burdwan University
5. Approx. family expenditure (Rs./month): Rs 10,000/- p.m. (approx)
6. No. of family members : Eight (08)
7. Educational Status : M.Sc., Ph.D., D.Sc.
8. Place of Birth : Village Bamunia, Thana - Memari, Dt. Burdwan.
9. Religion : Humanism (Hinduism)
10. Caste : Human (Kshatriya)

B. Questionnaire :

1. What kind of accomodation do you have?
   Institutional/Ranted houre/own house. own house
2. Are you in any way related to the former Maharaja's of Burdwan? No
3. How long have you lived in this town? 26 yrs, since 1968
4. Where were you before? Kalyani, West Bengal
5. How long have you lived in this house? 25 yrs, since 1969
6. How do you like this place?
   Very much/Not much/Indifferent/Don't like/
   Strongly dislike. Not much
7. How would you rate the following items in this area?
   Very bad/Costly or Bad/Moderate/Cheap/Good.
   - i) Accommodation. costly or good
   - ii) Food availability. Good
   - iii) Transport facilities. Bad
   - iv) Medical services. Very Good
   - v) Education. Very Good
   - vi) Public Utility Services. Very Good
   - vii) Road width & maintenance. Very bad
   - viii) Proximity to place of work. Very near
   - ix) Proximity to shops, banks etc. Very near.
   - x) Garbage clearance. Very bad

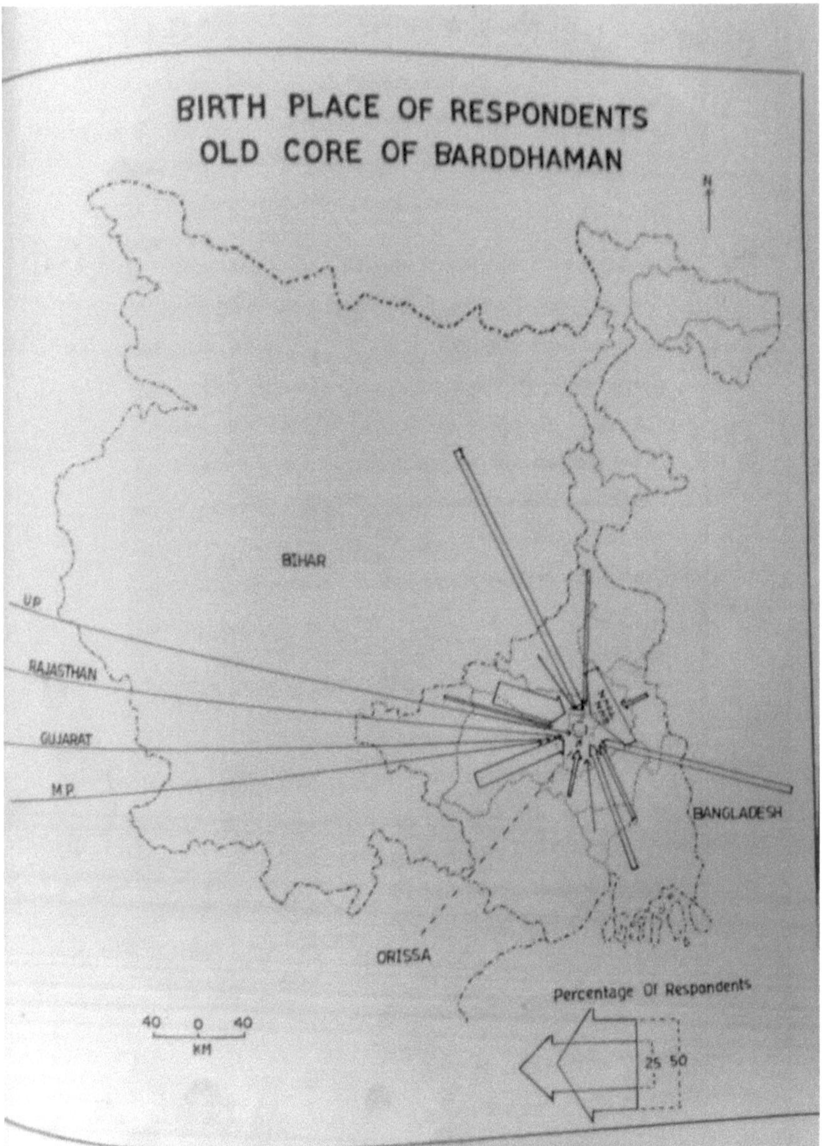

De acordo com os resultados do inquérito, cerca de metade dos inquiridos tem como local de nascimento a cidade de Barddhaman. Este facto pode ser resultado da antiguidade da própria cidade. A influência local do distrito de Barddhaman (principalmente das zonas agrícolas) é compreensível, uma vez que a proximidade do centro de comércio e indústria desempenhou um papel importante. Seguem-se os inquiridos dos distritos vizinhos de Bankura e Murshidabad. O Bangladesh está bastante bem representado na amostra como país estrangeiro. O local de nascimento dos inquiridos noutros Estados (principalmente não bengaleses) indica que, de alguma forma, vieram por motivos profissionais.

4.3 Tendência migratória dos inquiridos

Para se ter uma ideia da taxa de migração para Barddhaman (principalmente Rajbati e áreas contíguas), os resultados do inquérito indicam uma série de tendências. Não é possível manter um nível administrativo uniforme para todas as referências. Para as pessoas provenientes de Bengala Ocidental, foram escolhidos distritos como áreas de referência (apenas o caso de Barddhaman foi considerado como cidade), enquanto para as pessoas provenientes de outras partes da Índia, foram registados os estados.

Como cerca de 50% dos inquiridos nasceram na cidade de Barddhaman, não há dúvidas quanto à sua migração, uma vez que já residem aqui. No entanto, para além da cidade de Barddhaman, Bengala Ocidental representa 40-65% das residências dos inquiridos. Dos distritos do Estado, o principal é Barddhaman, seguido de Bankura e Hooghly. Entre os Estados da Índia, Bihar está mais bem representado do que os outros Estados. A influência local de Barddhaman e Bankura é compreensível, uma vez que a proximidade do centro comercial desempenhou um papel importante. Os migrantes de U.P. provêm também de antigos centros de cultura urbana como Lucknow e Banaras (todos eles estão ligados à antiga família Barddhaman Raj).

Os inquiridos de M.P., Rajasthan e Gujrat são todos homens de negócios relacionados com a venda total. Os refugiados do Bangladesh de Barddhaman vieram durante o período da partição. O seu montante não é muito elevado. Os resultados apontam para a prevalência de uma geração mais velha aqui presente, em vez de uma grande quantidade de migrantes recentes.

4.4 Duração da estadia dos inquiridos em Barddhaman Town

Entre os inquiridos dos bairros 24, 25, 26, 27, 28 e 29, cerca de 80 pessoas vivem nesta cidade há 40-50 anos e outras 60 vivem há cerca de 30-40 anos. O número de inquiridos que viveu na cidade de Barddhaman durante 20 a 30 anos é de 42. Outras 40 pessoas viveram em

vivem na cidade há 50 a 60 anos. Cerca de 30 inquiridos vivem na cidade de Barddhaman há 60-70 anos. Os inquiridos que vivem na cidade de Barddhaman há menos de 10 anos são 16. Os inquiridos que vivem há muito tempo (70-80 anos) são 4.

Como a classe etária do grande número de inquiridos é de 40-50 anos, o número máximo de inquiridos deve ter permanecido nesta cidade durante 40-50 anos. Estes inquiridos são as gerações mais recentes dos antigos residentes. Esta imagem reflecte a antiguidade da cidade.

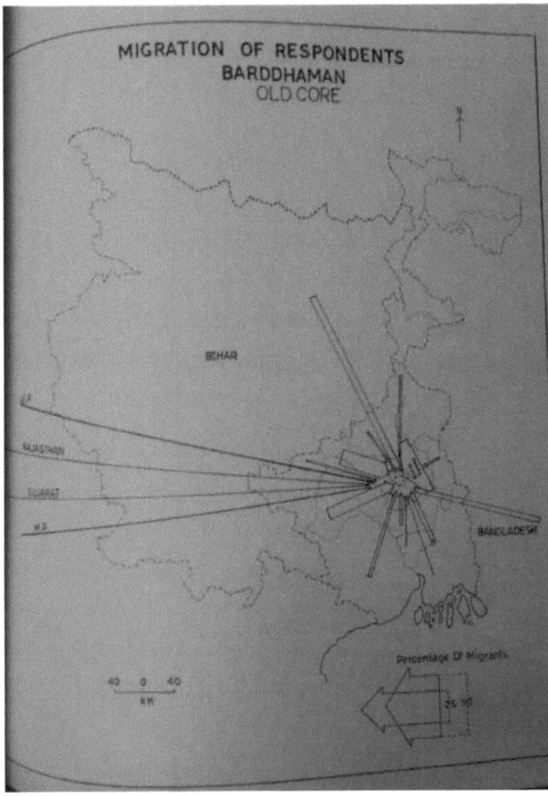

4.5 Duração da estadia na residência atual

A duração da estadia dos inquiridos na residência atual é mais elevada entre os que residem aqui há 10-20 anos. Seguem-se os residentes com 40-50 anos de permanência. A duração média da estadia de todos os inquiridos é de 29,04 anos e o seu desvio padrão é de 17,2 anos. A duração da estadia do principal inquirido afecta a duração média da estadia. A maioria dos inquiridos deste grupo trabalha no sector dos serviços (vivem principalmente em bairros e casas alugadas em Kultala e Tarabag, no bairro 25). Os inquiridos que vivem em casas alugadas no núcleo antigo devem ter ficado noutras partes da cidade de Barddhaman e vieram principalmente durante o período pós-independência. Esta imagem indica a mobilidade dos inquiridos dentro da pequena fronteira administrativa desta cidade.

4.6 Idade e sexo Estrutura dos inquiridos:

A pirâmide etária e sexual dos inquiridos (Rajbati e áreas circundantes) reflecte as caraterísticas típicas das cidades do Terceiro Mundo. Cerca de 90 pessoas do total dos inquiridos pertencem ao grupo etário dos 41-50 anos. Do total de mulheres inquiridas, 25 pessoas pertencem ao grupo etário dos 41-50 anos. Setenta inquiridos do sexo masculino pertencem ao grupo etário dos 51-60 anos. O número de inquiridos do sexo feminino é de 12, cuja faixa etária é de 31-40 anos. No grupo etário de 31-40 anos, o número de inquiridos do sexo masculino é 35. Na faixa etária dos 61-70 anos, o número de inquiridos do sexo masculino é 22 e o número de inquiridos do sexo feminino é 8. Depois dessa idade, o número de inquiridos do sexo feminino é limitado a 2 (71-80 anos) e o número de inquiridos do sexo masculino é 10 (71-80). No grupo etário dos 81-90 anos, apenas estão presentes inquiridos do sexo masculino, num total de 4.

A partir desta pirâmide etária e sexual, é evidente que a posição das mulheres na sociedade não é elevada. Elas não responderam livremente. Na nossa sociedade, dominada pelos homens, o chefe de família masculino é o mais importante.

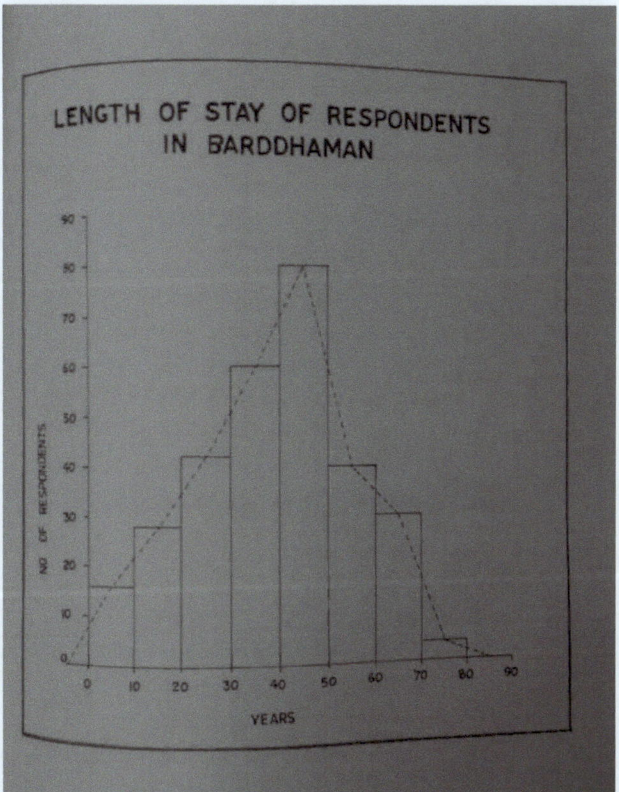

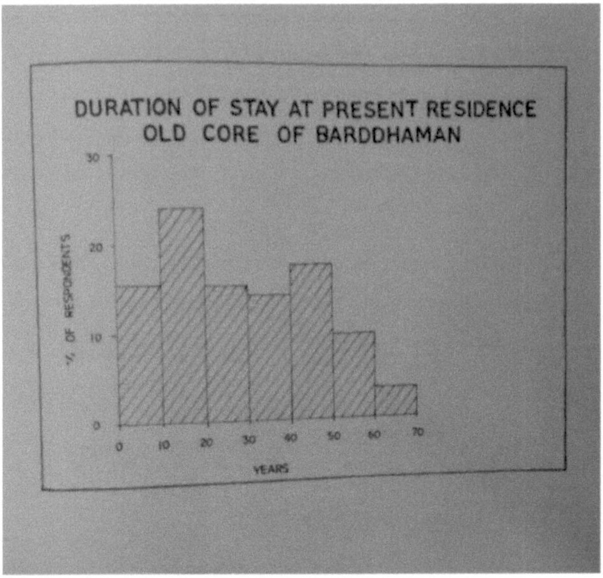
DURATION OF STAY AT PRESENT RESIDENCE
OLD CORE OF BARDDHAMAN
% OF RESPONDENTS
YEARS

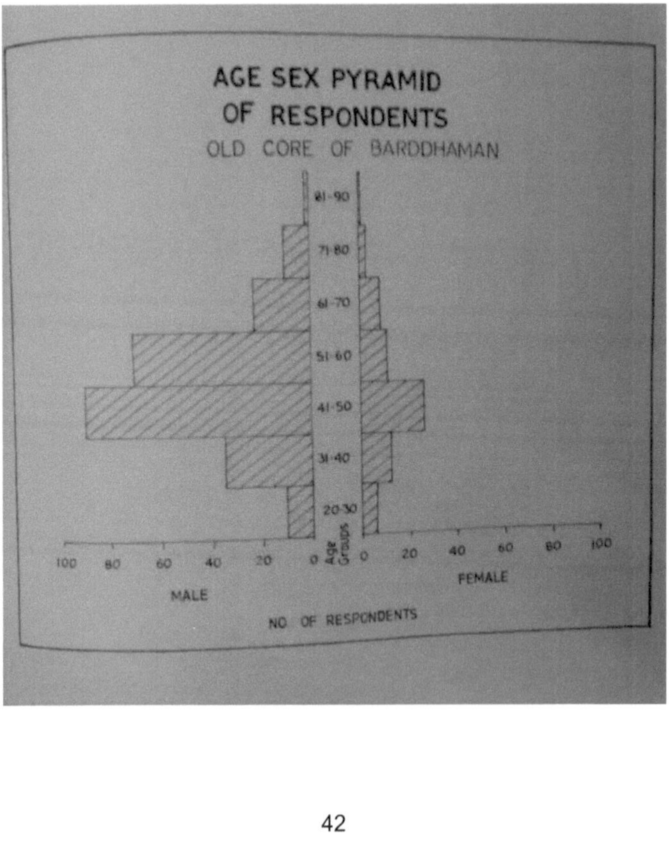
AGE SEX PYRAMID
OF RESPONDENTS
OLD CORE OF BARDDHAMAN
81-90
71-80
61-70
51-60
41-50
31-40
20-30
Age Groups
MALE
FEMALE
NO. OF RESPONDENTS

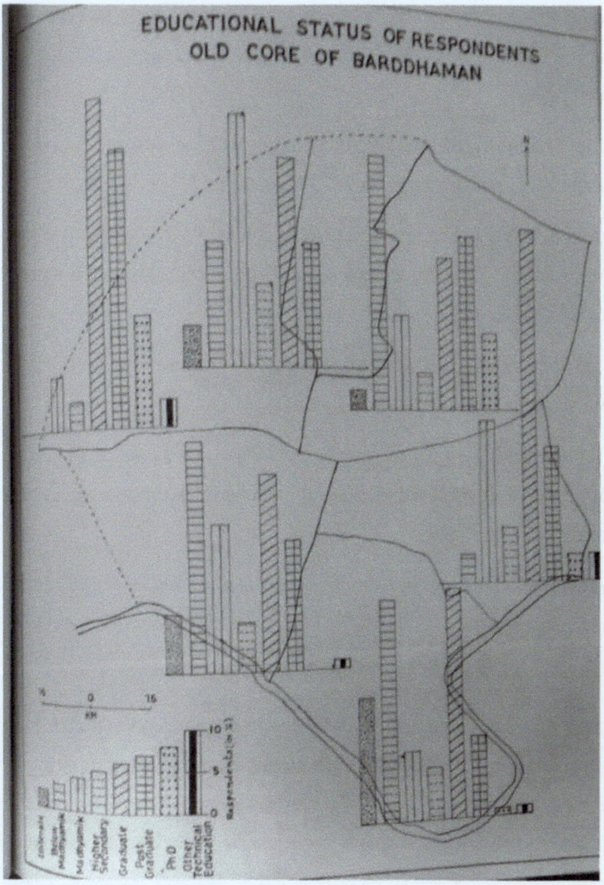

4.7 Nível de escolaridade dos inquiridos

Embora Barddhaman tenha alcançado um grande sucesso no movimento "Illiteracy drive", o analfabetismo ainda está presente (nas alas 24, 26,27,29). Entre os quatro bairros, o bairro com maior número de analfabetos é o 27. Este bairro é dominado pelos muçulmanos e a taxa de analfabetismo é de 15%. Segue-se o bairro nº 26, onde a percentagem de analfabetismo é de 7% e onde a maioria das pessoas são do sexo feminino. A seguir vem o bairro 24. É também a parte mais antiga da cidade e a sua percentagem atinge 5% e na ala nº 29 é de pelo menos 2,38%.

Os inquiridos cujo nível de instrução é inferior a Madhyamik é mais elevado na ala 29 (30,95%) porque esta área é a área de habitação dos empresários. O bairro 26 ocupa o segundo lugar, com uma percentagem de 28%. O terceiro lugar é ocupado pelo bairro 27, cuja percentagem é de 27%. Os bairros 24 e 28 ocupam o quarto e quinto lugares.

O número de inquiridos que obtiveram um passe Madhyamik é mais elevado no bairro 24 (30%). Seguem-se os bairros 28, 26, 29, 27 e 25, respetivamente. No bairro n.º 25, o número máximo de inquiridos é de licenciados.

O número máximo de inquiridos que obtiveram aprovação no ensino secundário superior (10%) encontra-se na ala 24. Seguem-se os bairros 28, 27, 26, 29 e 25.

A percentagem de inquiridos licenciados é mais elevada na ala 28 (44,80%) (embora esta área seja dominada por empresários). A ala 25 ocupa o segundo lugar (40%), sendo a maioria deles militares. Seguem-se as alas 27, 24, 26 e 29, respetivamente.

A percentagem de inquiridos com um diploma de pós-graduação é mais elevada no bairro 25 (33,33%). Seguem-se os bairros 29, 28, 26, 24 e 27.

A percentagem de inquiridos com doutoramento é mais elevada na ala 25 (13,34%). A ala 29 ocupa a segunda posição (9,52%). A profissão deste grupo também é a mesma. Seguem-se as alas 28 e 27. Esta percentagem é menor na ala 27.

Os inquiridos com outras qualificações técnicas são mais elevados na ala 28 (3,45%). Seguem-se as alas 25, 27 e 26, respetivamente.

4.8 Tipo de atividade profissional

A partir do diagrama de barras acima subdividido, de acordo com a opinião dos inquiridos, é evidente que a percentagem máxima de inquiridos está envolvida no sector terciário. Uma percentagem insignificante de inquiridos está envolvida no sector secundário. Nas alas 24 e 29, os inquiridos que trabalham no sector secundário estão ausentes, ou seja, este núcleo antigo assenta principalmente em negócios e serviços.

O serviço que mais se destaca aqui é o ensino. Este serviço é máximo (46,62%) no bairro 25, devido à sede institucional da Universidade de Burdwan. O bairro 29 ocupa o segundo lugar no que respeita à atividade docente.

Um importante negócio de retalho desta zona é a joalharia. É mais proeminente no bairro 24 (zona de Mithapukur), atingindo 30%. Seguem-se os bairros 27 (Mayurmahal), 28 (Amratala e Shyambazar), 29 (Barabazar) e, por último, 26 (Dighir pool, Nutanganj). Esta atividade está totalmente ausente no bairro 25.

Outras actividades importantes neste núcleo antigo são o hotel, o papel, as acções, a exportação, os medicamentos, os tecidos, etc. As pessoas que se dedicam ao comércio de vestuário estão ausentes nas alas 24 e 28.

A maior diversidade de ocupações encontra-se no bairro 26, desde pessoas que se dedicam à indústria ligeira até ao vestuário. A menor diversidade ocupacional encontra-se no bairro 24, porque este bairro é especializado no fabrico e polimento de jóias. A percentagem de inquiridos reformados é maior (13,79%) no bairro n.º 28 e menor (3,33%) no bairro n.º 25. Isto reflecte o envelhecimento desta localidade.

4.9 Diversidade profissional

O mapa do índice de diversificação mostra que a diversidade profissional é muito elevada na maior parte do bairro 26 (Nutanganj, Dighirpool, Dokhra sahid) e em partes insignificantes do bairro 27 (perto de Mayurmahal). A razão subjacente a este valor de diversificação muito elevado é o facto de esta zona ser o mercado grossista mais antigo, onde se encontram vários grupos de empresários e residências de homens de serviço.

Observa-se uma elevada diversidade profissional (410-460) na maior parte do bairro nº 27 e em partes mais pequenas dos bairros nºs 25, 26, 28 e 29. Isto deve-se ao facto de

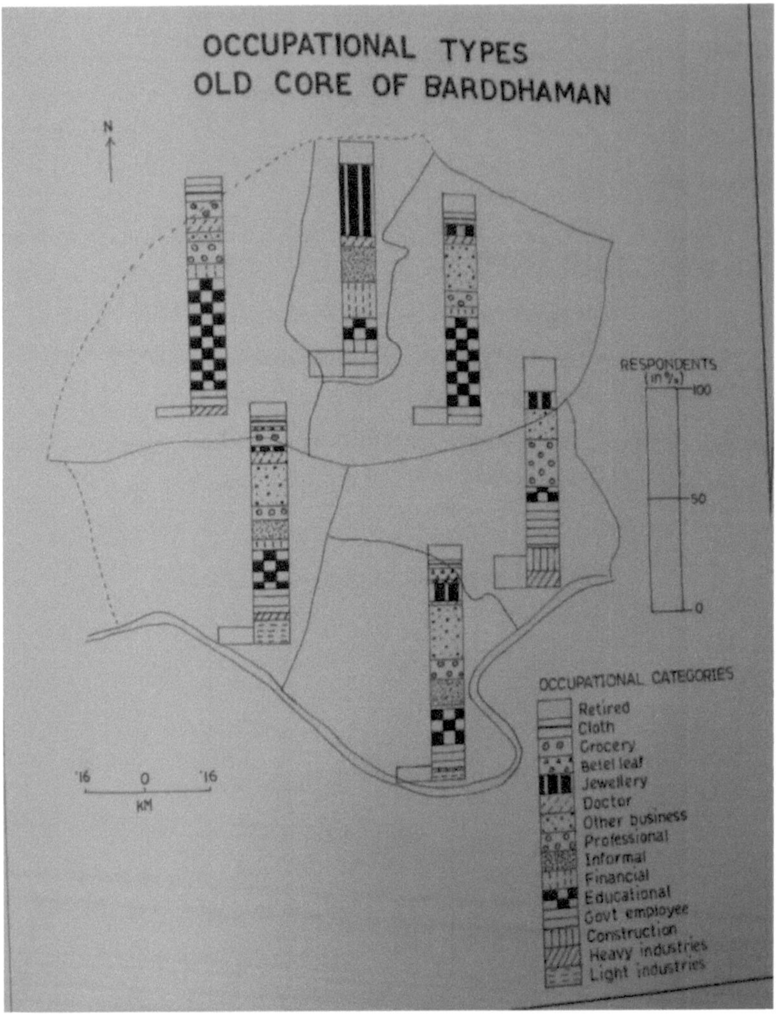

OCCUPATIONAL TYPES
OLD CORE OF BARDDHAMAN
N
RESPONDENTS (in %)
100
50
0
'16 0 '16
KM
OCCUPATIONAL CATEGORIES
Retired
Cloth
Grocery
Betel leaf
Jewellery
Doctor
Other business
Professional
Informal
Financial
Educational
Govt employee
Construction
Heavy industries
Light industries

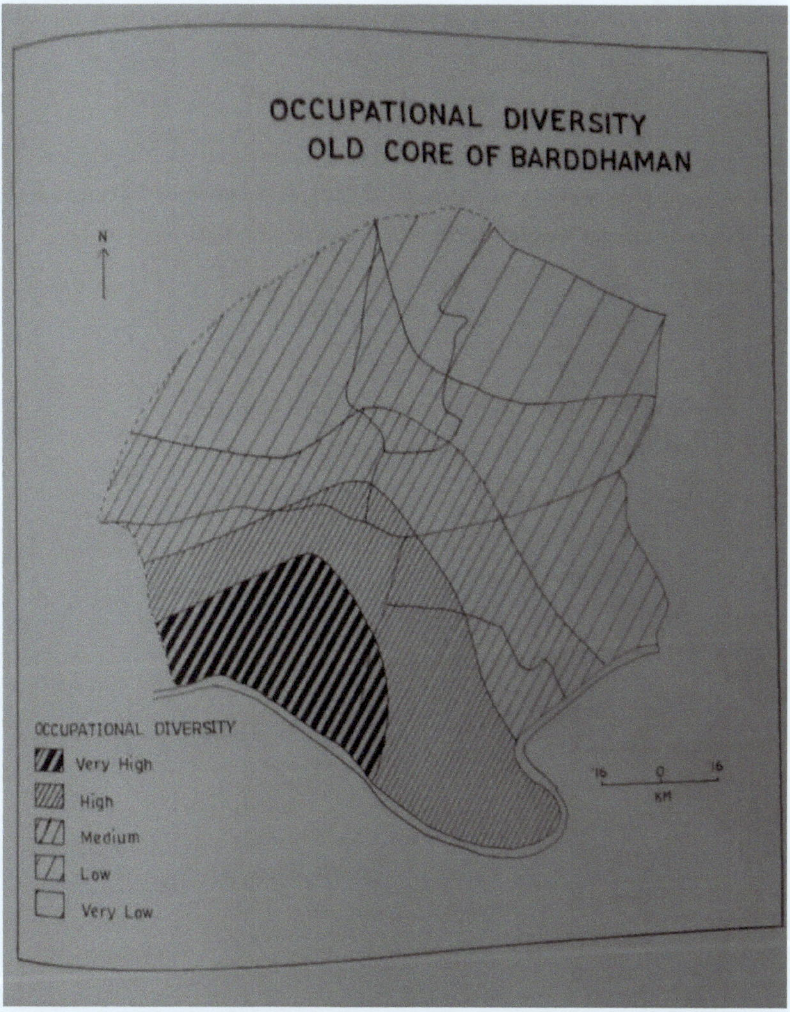

presença de muçulmanos de classe média baixa que exercem diferentes actividades, desde a condução de carrinhas-riksha ao comércio de tecidos.

A diversidade profissional é moderada em partes dos bairros 24, 25, 26, 27, 28 e 29.

A diversidade profissional é baixa na maior parte do bairro 25. Este facto deve-se à presença de um grande número de pessoas (46,62%) que trabalham em serviços educativos. Esta diversidade também é baixa nos bairros 28, 29 e 24. Nas duas primeiras alas, o número máximo de inquiridos está envolvido em trabalho profissional e a última é especializada no fabrico e polimento de jóias.

A diversidade profissional é muito baixa nas zonas mais vastas dos bairros nº 24 e nº 29. A ala no 24 é especializada no fabrico de jóias, como já foi referido, e a última é especializada em actividades educativas.

Conclusão

O inquérito por amostragem foi suficientemente útil para o objetivo do nosso estudo. Ajudou-nos a identificar as caraterísticas sociais do núcleo antigo da cidade de Barddhaman. Tal como a morfologia indicou, as pessoas do núcleo também estão estabilizadas e vivem aqui há muito tempo.

O padrão ocupacional revela uma diversidade e uma mistura consideráveis, o que é também uma caraterística da morfologia desta parte da cidade.

CAPÍTULO 5

Resultados do inquérito por amostragem

Introdução

Neste capítulo, analisaremos o estatuto económico e as caraterísticas sociais dos inquiridos e a sua perceção do núcleo antigo da cidade de Barddhaman.

Espero que este exercício nos ajude a compreender a visão que as pessoas têm do seu ambiente urbano e a relacioná-la com o seu estatuto económico.

5.1 Situação económica dos inquiridos

A situação económica dos inquiridos é medida aqui apenas através de um indicador como a despesa mensal da família de cada inquirido. Outro indicador importante da situação económica é a despesa com o consumo de combustível e energia. Mas não é possível recolher estes dados nesta área.

No bairro n.º 24, as despesas dos inquiridos por família variam entre 1000 e 2000 rupias/mês. Não há nenhum inquirido com despesas mensais inferiores a 1000/-. A percentagem mais elevada de despesas dos inquiridos situa-se entre 3001-4000/- (40%). Trata-se de um bairro dominado pela classe média.

Existe uma descontinuidade na classe de despesas no bairro 25. Aqui os intervalos são 20017000/- & 9001-10000/-. A classe de despesas superior a 7000/- mas inferior a 9000/- está ausente. A percentagem mais elevada situa-se na classe de despesas 4001-5000/- (40%). Trata-se de um bairro dominado pela classe média alta.

No bairro nº 26, existe uma grande diversidade na classe de despesas. Esta classe varia entre menos de 1000/- e 30000/-, ou seja, tanto as famílias extremamente pobres como as muito ricas estão presentes neste bairro. A percentagem mais elevada de famílias (24%) situa-se na classe de despesas médias de 3001-4000. Este bairro é dominado pela classe média.

O bairro n.º 27 é dominado principalmente por pessoas mais pobres, cuja percentagem é de 31%, pertencentes à classe de despesa 1001-2000/-. A maioria dos inquiridos dedica-se ao fabrico de bidi, rikshaw, condução de carrinhas, venda de folhas de bétel, etc.

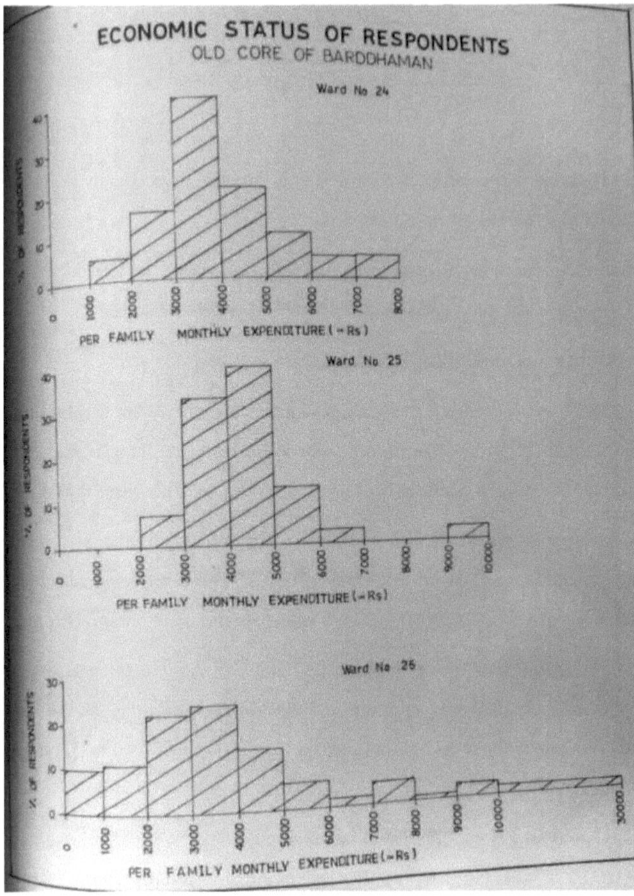
ECONOMIC STATUS OF RESPONDENTS
OLD CORE OF BARDDHAMAN
Ward No 24
% OF RESPONDENTS
PER FAMILY MONTHLY EXPENDITURE (~Rs)
Ward No 25
% OF RESPONDENTS
PER FAMILY MONTHLY EXPENDITURE (~Rs)
Ward No 26
% OF RESPONDENTS
PER FAMILY MONTHLY EXPENDITURE (~Rs)

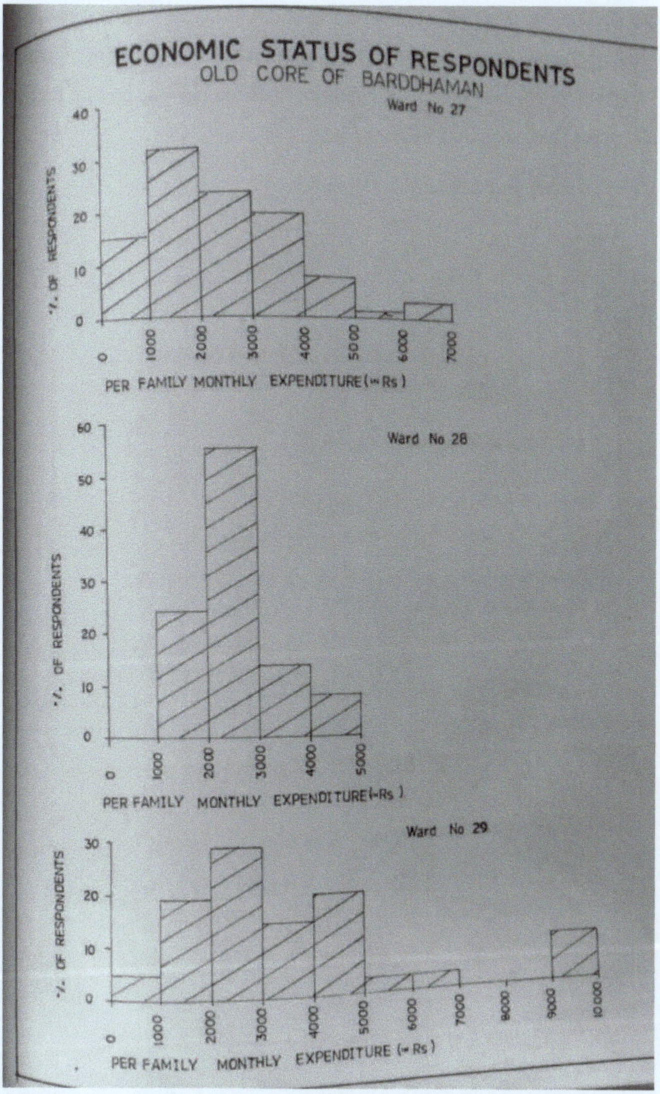

O bairro nº 28 é dominado por famílias da classe média. A percentagem mais elevada de inquiridos situa-se na classe de despesas 2001-3000/-. Aqui a classe de despesas inferior a 1000/- e superior a 5000/- está ausente.

A ala n.º 29 é dominada principalmente por inquiridos da classe 3000/despesas (28,2%). Estes estão sobretudo envolvidos em actividades académicas e afins. Aqui observa-se um número máximo de famílias conjuntas com a classe de despesa 9001-10000/-.

5.2 Caraterísticas sociais dos inquiridos

As caraterísticas sociais dos inquiridos podem ser medidas através de vários aspectos, como o rácio independente dependente, os grupos religiosos, a relação dos inquiridos com os antigos marajás, os tipos de casa - se residem em casa própria, alugada ou institucional -, se gostam ou não deste local e, por último, a sua perceção das comodidades urbanas.

5.2.1 Correspondência entre Independente e Dependente

5.2.1 Correspondence between Independent and Dependent

Table No. 15

Calculation for Spearman's Rank Correlation Coefficient

Ward	Independent persons in % (X)	Dependent persons in % (Y)	X_{Rank}	Y_{Rank}	d	d^2
24	31	69	3	4	-1	1
25	38	62	1	6	-5	25
26	32	68	2	5	-3	9
27	30	70	4	3	1	1
28	22	78	6	1	5	25
29	28	72	5	2	3	9
N=6					$\Sigma d=0$	$\Sigma d^2=70$

By substituting $R = 1 - \frac{6\Sigma d^2}{N^3 - N}$ we will get

$$R = 1 - \frac{6 \times 70}{216-6}$$ where R = Rank Correlation Coefficient

$$= 1 - \frac{420}{210}$$ N = 6, Number of pairs of observation

$$= 1-2$$ d = Rank difference

$$= -1$$

Hence Rank correlation cofficient is -1.

A partir do cálculo acima, um coeficiente de correlação de Rank negativo de -1 sugere que existe uma relação negativa entre a percentagem de pessoas independentes e dependentes. O valor -1 também sugere que a correlação é muito forte. Por outras palavras, quando a percentagem de pessoas independentes é baixa, a percentagem de pessoas dependentes é alta e vice-versa.

Em termos socioeconómicos, as causas desta relação negativa são as seguintes

1) Muitos deles são jovens e crianças. Por isso, são dependentes.

2) A taxa de participação das mulheres no mercado de trabalho é baixa. Só se verifica nas classes economicamente mais baixas e nas classes mais ricas. Nas famílias da classe média, a "participação no trabalho" é moderada.

3) Falta de oportunidades de emprego.

4) Situação económica precária (partes da zona 27) e

5) Falta de consciência social. Nas famílias muçulmanas, o número de filhos é maior (6-10).

5.2.2 Grupos religiosos

De acordo com os resultados do inquérito, dos seis bairros, cinco são dominados pelos hindus e a percentagem atinge 100 no bairro 28 e a menor no bairro 27 (51,2%). A única circunscrição dominada pelos muçulmanos é a 27 (zona de Puratan Chawk) e a menor é a 29 (2,38%) e a população muçulmana está quase ausente nas circunscrições 26 (Dighirpool, Dokhra sahid, zona de Nutanganj) e 28 (Amratala, zona de Shyambazar). Uma percentagem insignificante da população jainista concentra-se apenas nos dois bairros (bairros 26 e 29), atingindo 4% e 2,38%, respetivamente.

A predominância da população hindu explica-se pelo facto de os antigos rajás de Barddhaman serem hindus e se terem afastado da anterior sede administrativa dos governantes mogóis.

As zonas de Puratan chawk, como o nome indica, existem desde o período Mughal, antes do estabelecimento de Rajbati, e têm, por conseguinte, uma população muçulmana considerável.

5.2.3 Inquiridos relacionados com antigos marajás:

Como o Raj de Barddhaman era Khatriya, os seus familiares estão espalhados por todo o Rajbati. A percentagem máxima da população Khatriya (34,5%) encontra-se em Amratala, Midya Pukur, B.G Nandey Road (bairro 28). É moderada nas zonas de Mithapukur, Barabazar e Mayurmahal (ala n.º 24, 29 e 27) e mínima na zona de Dighirpool (ala n.º 26).

Obviamente, a percentagem da população Khatriya é mais elevada devido à proximidade física de Rajbati.

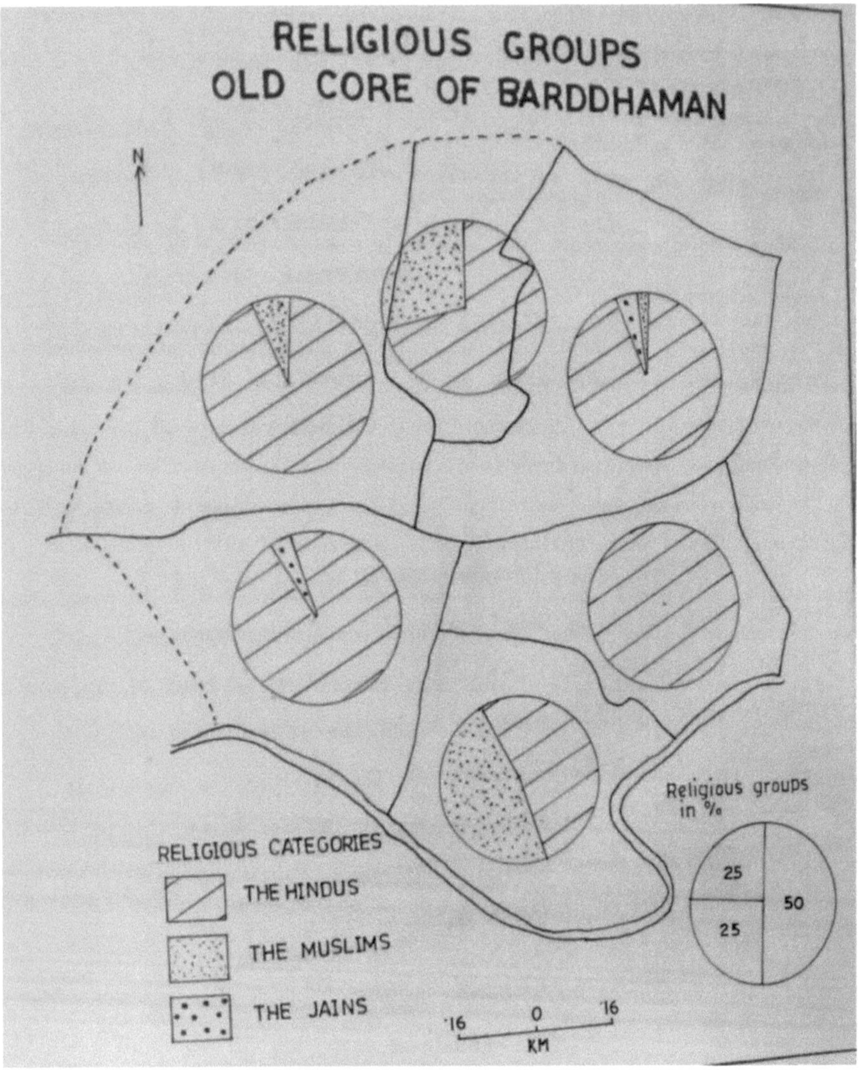

5.2.4 Tipos de casas

As casas em torno de Rajbati e das zonas circundantes podem ser classificadas em várias categorias - próprias, arrendadas e institucionais. A maioria das famílias inquiridas é proprietária de casa. No bairro 24, 70% dos inquiridos são proprietários de casa e 30% pagam renda. Cerca de 66,66% dos inquiridos do bairro n.º 25 (zona de Tarabag e Borhat) viviam em bairros da Universidade de Burdwan, 20% viviam em casas alugadas e os restantes tinham casa própria. No bairro 26, cerca de 89% dos inquiridos têm casa própria. Este bairro ocupa o primeiro lugar no que respeita à posse de casa. Os restantes 11% viviam em casas alugadas. Neste bairro não existe nenhuma instituição de habitação. Cerca de 75% dos inquiridos do bairro 27 vivem em casa própria e os restantes pagam renda. Na ala 28, 69% das famílias viviam em casa própria, 30% em casa alugada e apenas uma percentagem insignificante vivia em casas institucionais. A escola Barddhaman Bharati e a escola para cegos estão situadas no campus do templo Laxminarayanji. Este campus do templo é também dedicado ao público por Barddhaman Raj. Cerca de 64,28% dos inquiridos da ala n.º 29 têm casa própria, 19,04% vivem numa casa institucional da Universidade de Burdwan e os restantes pagam renda.

Em Mayurmahal, Payrakhana, Aparnaghat, Puratanchawk, Uttar fatak, o número máximo de casas é próprio. "Barddhaman maharaja" construiu um grande número de casas à volta do Rajbati para habitação dos funcionários reais. Após a abolição da propriedade Raj, essas casas foram doadas a esses mesmos empregados. Os actuais residentes são as últimas gerações desses empregados.

O campus onde se situam a Universidade de Burdwan e os bairros de Tarabag e Kultala era a área da família Barddhaman Raj. Maharaj Uday Chand Mahatab doou esta área para fins educativos, principalmente para estudos superiores.

5.2.5 Se gostariam de ficar aqui

Aparentemente, um grande segmento dos inquiridos (63,33%) expressou os seus sentimentos positivos em relação à sua estadia nesta parte da cidade.

Uma esmagadora maioria considera que gostaria "muito" de permanecer no núcleo antigo da cidade. O segundo grupo afirmou que gostava de ficar, mas "não muito". Esta resposta foi entendida como uma segunda escolha numa escala de cinco pontos. A terceira opção, indiferente, recebeu uma resposta algo morna, ao passo que quase não se registaram respostas negativas.

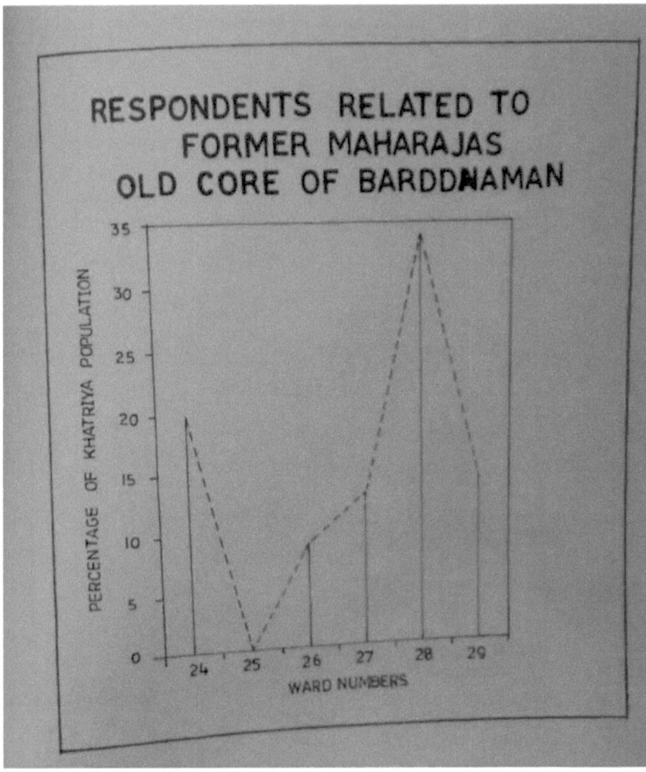
RESPONDENTS RELATED TO
FORMER MAHARAJAS
OLD CORE OF BARDDHAMAN
PERCENTAGE OF KHATRIYA POPULATION
0
5
10
15
20
25
30
35
24
25
26
27
28
29
WARD NUMBERS

Institutional housing : Burdwan Universiy Quarters

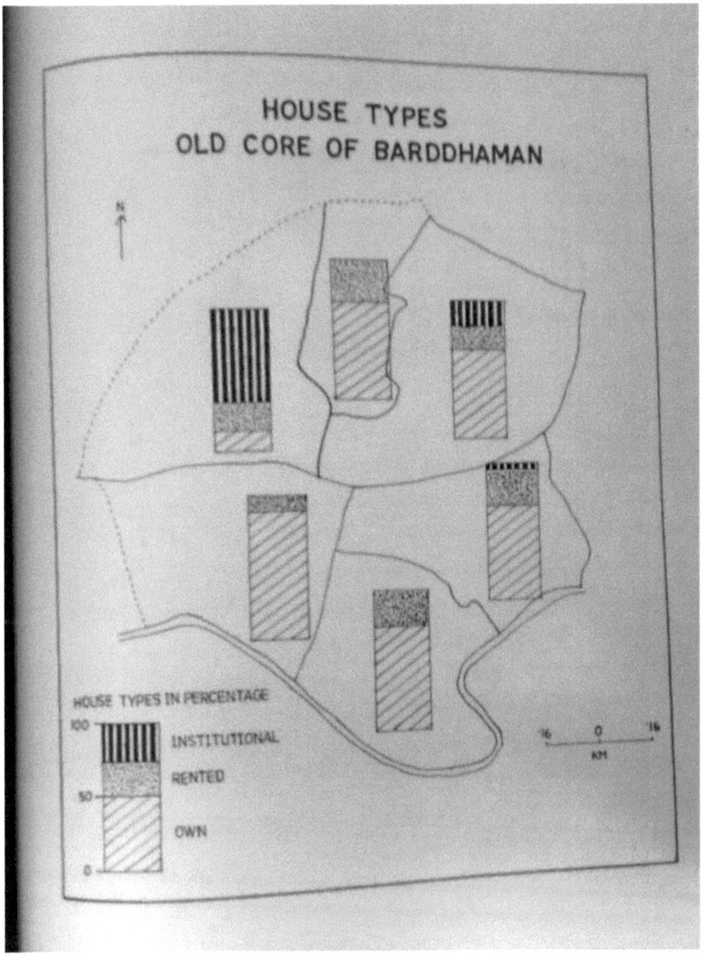

5.3 Perceção dos inquiridos sobre as comodidades urbanas

A perceção dos inquiridos sobre as comodidades urbanas disponíveis nesta zona (Rajbati e arredores) da cidade não é muito boa, mas devido ao seu hábito tradicional de permanência durante duas ou três gerações, adoptaram este ambiente urbano.

5.3.1 Instalações de alojamento

De acordo com a opinião dos inquiridos, as instalações de alojamento nestas circunscrições são, em geral, boas. A única exceção é em duas alas, as alas 24 e 29. Aqui, as condições de alojamento são moderadas. Os inquiridos não mencionaram este alojamento como sendo muito difícil.

5.3.2 Disponibilidade de alimentos

De acordo com a opinião dos inquiridos, a disponibilidade de alimentos é boa. Mas os inquiridos de dois bairros (bairros 24 e 25) mencionaram que a disponibilidade de alimentos é moderada e cara ou má, respetivamente. No caso do bairro 25, a causa é o facto de as residências universitárias estarem fisicamente longe do principal centro comercial.

5.3.3 Oportunidade educativa

De acordo com os inquiridos, as oportunidades de educação nesta zona central antiga são boas. Existem três escolas primárias, dois jardins-de-infância e escolas secundárias médias hindi, dois colégios importantes e um gabinete da universidade situados neste núcleo antigo. De um modo geral, o campus da universidade não fica longe desta zona. A percentagem máxima (65%) de inquiridos do bairro n.º 26 referiu esta oportunidade como muito boa. Os inquiridos não mencionaram esta oportunidade como má ou muito má.

5.3.4 Conectividade dos transportes

A conetividade geral dos transportes desta zona com outras partes da cidade e com a estação ferroviária é moderada. Apenas autocarros de serviço urbano limitados e, por último, o riquexó servem esta zona. A percentagem máxima de inquiridos das alas 25 e 24 mencionou esta conetividade como moderada. Os restantes três bairros têm boas ligações de transporte com outras partes da cidade. Esta conetividade não é muito satisfatória, uma vez que não existe serviço de autocarros dentro da cidade.

5.3.5 Estabelecimento médico

As instalações médicas nesta zona central antiga são moderadas. No bairro 29, as instalações são muito boas devido à proximidade da zona de Khoshbagan (onde se encontra a maior concentração de médicos, denominada "Doctors' locality") e do Hospital Bijoy Chand. Esta facilidade também é boa na ala 28 devido à mesma razão. As restantes alas beneficiam desta facilidade de forma moderada, com a única exceção da ala n.º 26, onde a percentagem máxima de inquiridos a referiu como má devido à maior distância do hospital e da zona de Khoshbagan.

5.3.6 Limpeza do lixo

A situação da limpeza do lixo nesta zona central antiga é má. Em Mithapukur, Nutanganj e Amratala, a percentagem máxima de inquiridos mencionou que a limpeza do lixo é má. A situação é muito má na zona de Puratanchawk (bairro nº 27), uma vez que a parte interior desta zona é dominada por bairros de lata. Esta zona é o local de reprodução dos mosquitos. Em Kultala, Borhat, a limpeza do lixo é moderada. Só é boa no bairro 29, em Uttarfatak e na zona de Barabazar, ao longo da estrada

B.C. Embora esta zona seja limpa diariamente por um camião municipal, devido à pressão crescente da população, ainda existe um enorme depósito de lixo ao longo da estrada B.C., perto do colégio feminino M.U.C.

5.3.7 Serviço de utilidade pública

No núcleo antigo, os serviços de utilidade pública, como o abastecimento de água canalizada, a eletrificação, etc., são moderados. Estas instalações são más no bairro 25 (interior de Dighirpool e Dokhra sahid), uma vez que ainda não existe qualquer canalização de água. Os serviços de utilidade pública são muito bons no bairro 25, pois existe uma ligação separada de eletricidade e de abastecimento de água.

5.3.8 Largura e manutenção das estradas

O panorama geral da largura das estradas é moderado e a sua manutenção é bastante boa. A percentagem máxima de inquiridos das alas 24, 26 e 27 referiu esta situação como moderada. A ala 25 referiu-a como boa e as restantes duas alas 28 e 29 responderam que a manutenção é muito boa. A razão é que estas duas últimas alas se situam ao longo da B.C Road, a principal estrada arterial que atravessa o coração de Barddhaman.

5.3.9 A proximidade do local de trabalho

A proximidade do local de trabalho dos inquiridos deste núcleo antigo é moderada. É muito boa nos bairros 24 e 25. A razão subjacente ao primeiro é que o local de trabalho do maior número de inquiridos (fabrico de jóias) está ligado à sua residência ou na mesma localidade perto da sua residência e, no último núcleo, o maior número de inquiridos está ligado à Universidade de Burdwan e à secção académica. Esta proximidade também é boa no núcleo 26, uma vez que o negócio grossista dos inquiridos se situa perto da sua residência.

5.3.10 Proximidade de lojas e bancos

De um modo geral, a proximidade de lojas e bancos deste núcleo antigo é boa. A única exceção é o bairro n.º 25, a zona de Kultala Tarabag. Aqui, os inquiridos referiram esta proximidade como má, devido ao seu isolamento do principal centro comercial. Para satisfazer esta procura, têm de se deslocar às zonas de Nutanganj e Barabazar para obterem os artigos de primeira necessidade. Na zona de Barabazar e Mayurmahal, a percentagem máxima de inquiridos mencionou esta facilidade como muito boa, uma vez que a primeira zona se situa dentro da área de mercado e a segunda está próxima desta área de mercado. Em conclusão deste capítulo, pode dizer-se que os habitantes do núcleo antigo de Barddhaman se adaptaram ao ambiente urbano circundante de acordo com o seu estatuto económico e social. Em termos de estatuto económico, existe uma grande diversidade neste núcleo antigo. As caraterísticas sociais, como a relação dependente-independente, são negativas, o que significa que a maior parte dos habitantes, sobretudo mulheres e crianças, são dependentes. Os dois grupos religiosos dominantes, os hindus e os muçulmanos, têm maioritariamente casa própria e o sentimento em relação à sua permanência nesta zona é também positivo. O problema dos transportes deve ser resolvido através do aumento do número de autocarros urbanos e o problema da recolha do lixo deve ser resolvido através da iniciativa ativa da autoridade municipal. Sem esta iniciativa, esta zona deixa de ser o centro da atividade urbana.

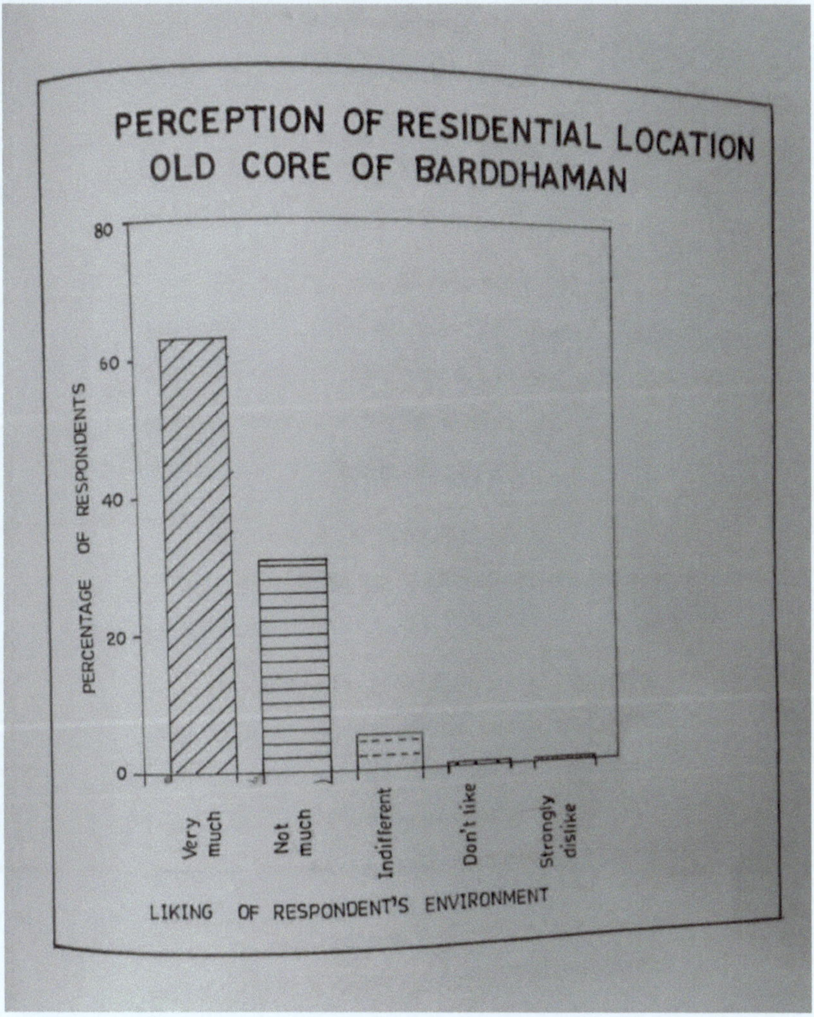

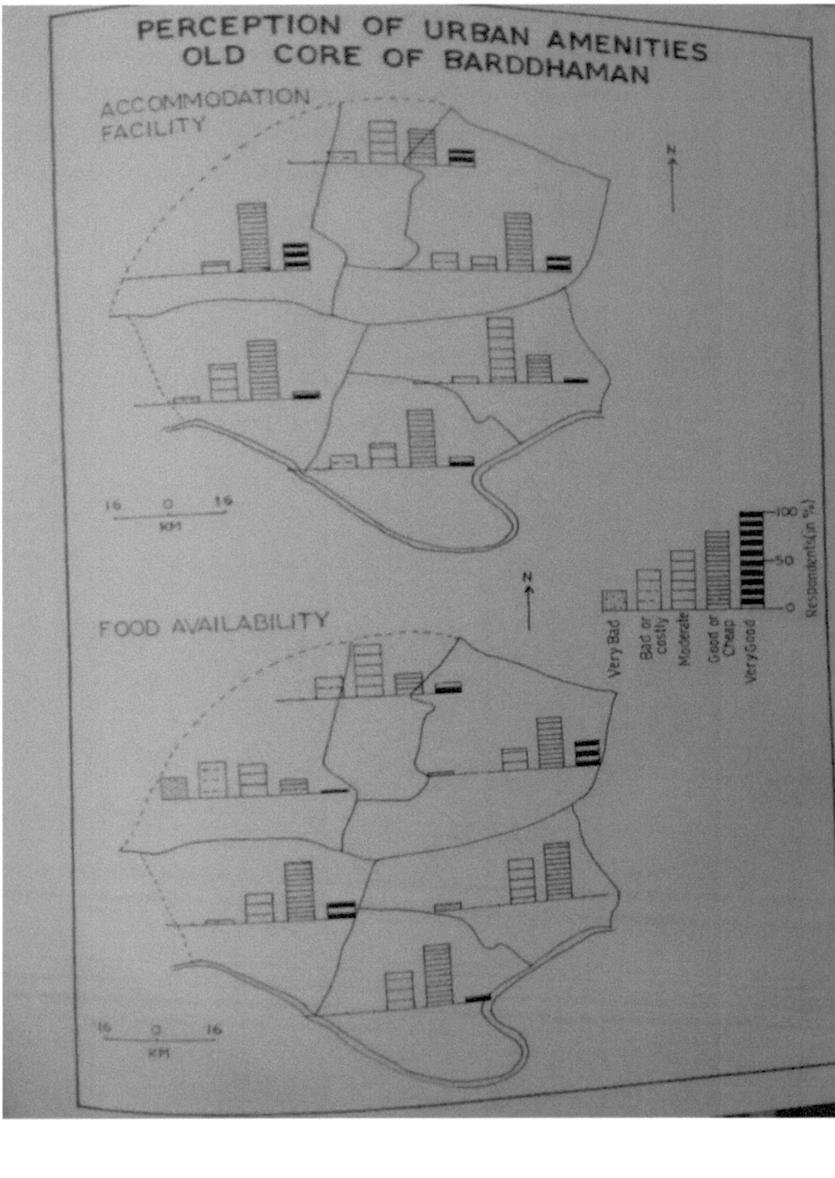
PERCEPTION OF URBAN AMENITIES
OLD CORE OF BARDDHAMAN
ACCOMMODATION FACILITY
FOOD AVAILABILITY
N
16 0 16
KM
Very Bad
Bad or costly
Moderate
Good or Cheap
Very Good
0
50
100
Respondents (in %)

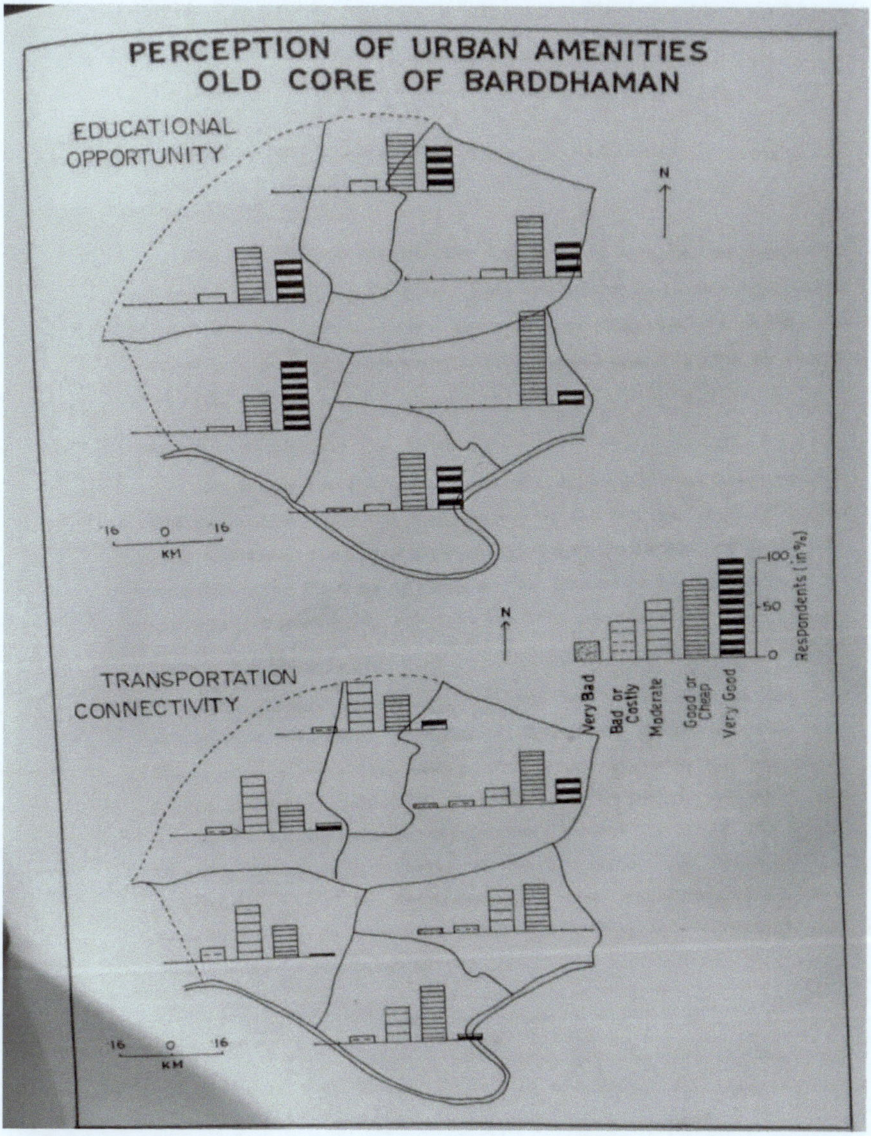

PERCEPTION OF URBAN AMENITIES
OLD CORE OF BARDDHAMAN
EDUCATIONAL
OPPORTUNITY
TRANSPORTATION
CONNECTIVITY
N
KM
Very Bad
Bad or Costly
Moderate
Good or Cheap
Very Good
Respondents (in %)

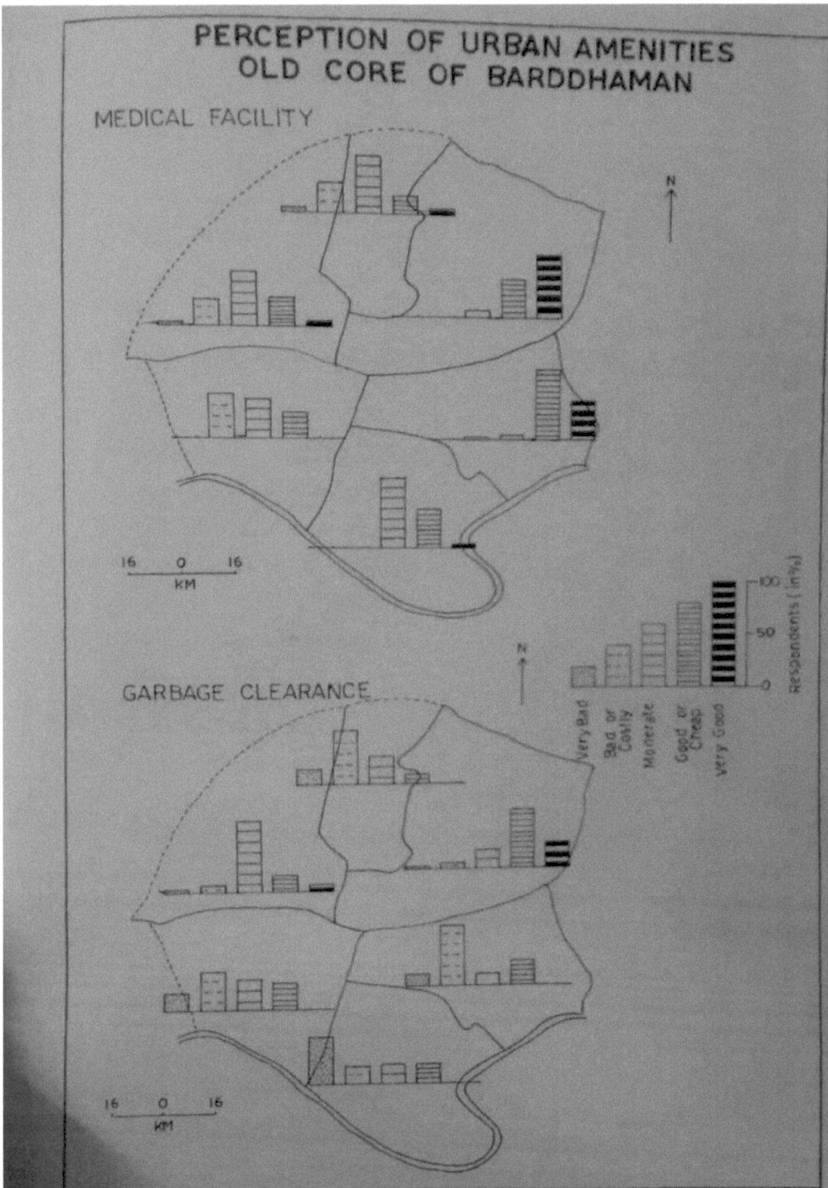
PERCEPTION OF URBAN AMENITIES
OLD CORE OF BARDDHAMAN
MEDICAL FACILITY
N
16 0 16
KM
GARBAGE CLEARANCE
N
100
50
0
Respondents (in%)
Very Bad
Bad or Costly
Moderate
Good or Cheap
Very Good
16 0 16
KM

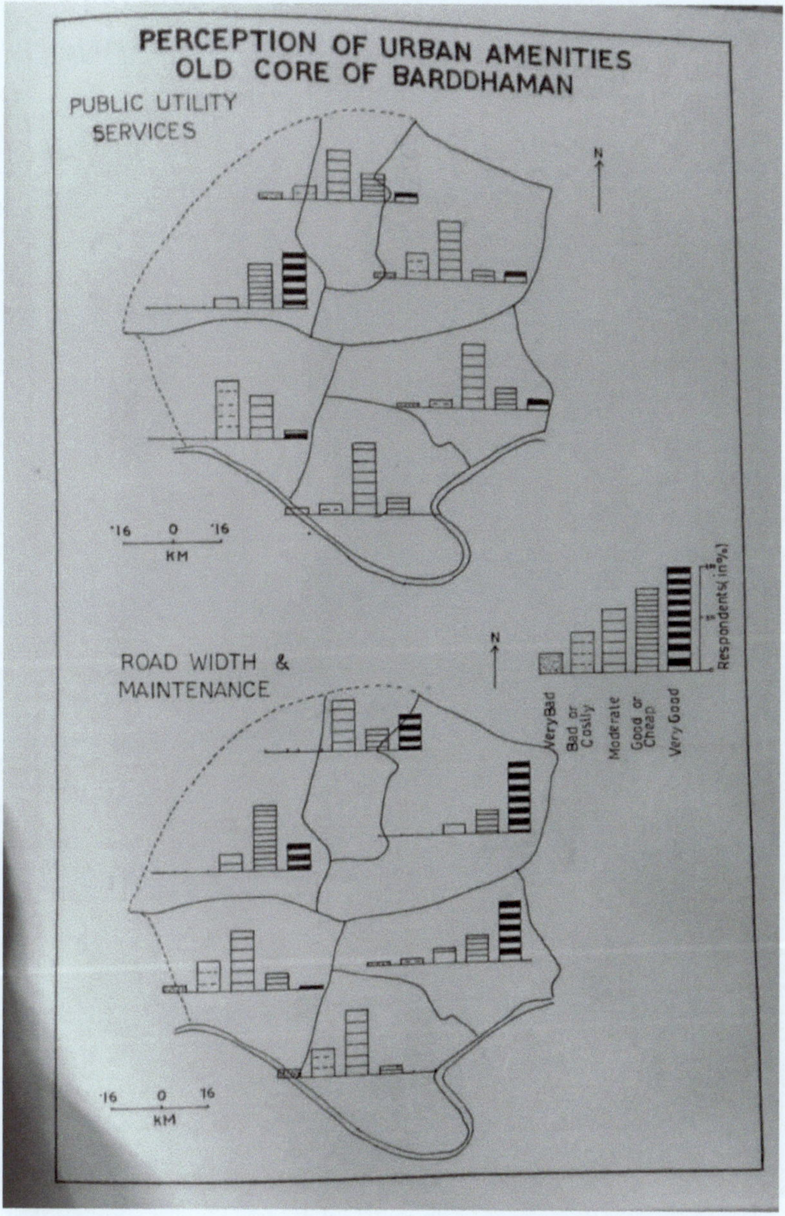

PERCEPTION OF URBAN AMENITIES
OLD CORE OF BARDDHAMAN
PUBLIC UTILITY SERVICES
N
·16 0 ·16
KM
ROAD WIDTH & MAINTENANCE
N
Very Bad
Bad or Costly
Moderate
Good or Cheap
Very Good
Respondents (in %)
·16 0 ·16
KM

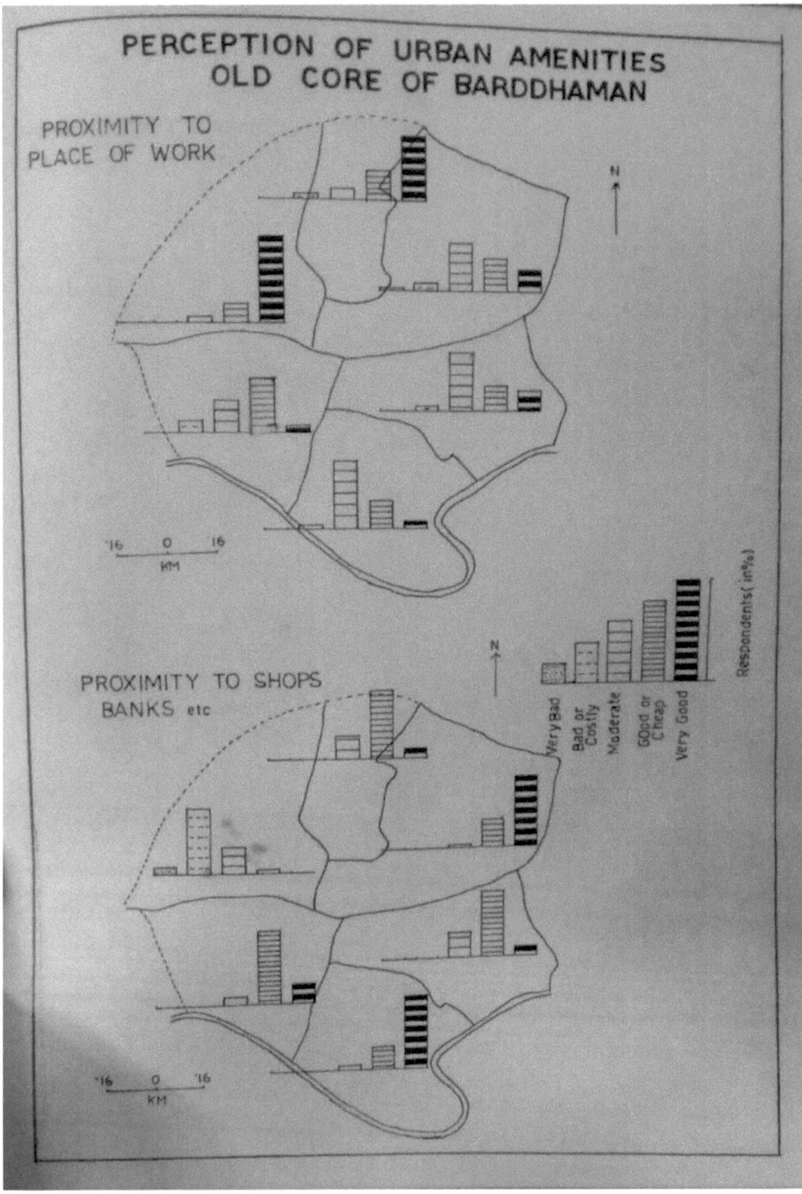
PERCEPTION OF URBAN AMENITIES
OLD CORE OF BARDDHAMAN
PROXIMITY TO PLACE OF WORK
N
16 0 16
KM
PROXIMITY TO SHOPS BANKS etc
N
16 0 16
KM
Very Bad
Bad or Costly
Moderate
Good or Cheap
Very Good
Respondents (in%)

CAPÍTULO 6

Observações

A cidade de Barddhaman viu os seus dias mais brilhantes sob o domínio da família Raj. Na qualidade de zamizadores de um interior muito próspero e rico em recursos, a família prosperou e, com ela, a cidade também. Um sistema fundiário feudal típico deu origem às classes urbanas típicas - a realeza, os parentes da realeza, os comerciantes ricos, a aristocracia fundiária, os homens de negócios ricos e os caçadores de fortuna, bem como os numerosos empregados/ servidores do Raj.

A morfologia da cidade também reflectia este padrão: perto do palácio real ficava o Kachhari e o Chawk (mercado retalhista) rodeado pelas casas das elites. O sistema viário foi concebido para as necessidades de transporte da época; estradas estreitas eram suficientes para a mobilidade de cavalos e palanquins.

Com a mudança dos tempos, as necessidades da comunidade urbana também mudaram. E deixaram as suas marcas distintivas na morfologia desta zona da cidade. Por conseguinte, esta zona da cidade apresenta uma curiosa justaposição do antigo e do novo. Com o aumento da população e a introdução de meios de transporte modernos, as estradas tornaram-se demasiado estreitas. O congestionamento foi ainda agravado por numerosos vendedores ambulantes que invadiram as estradas e bloquearam o espaço dos peões.

Ao mesmo tempo, é preciso notar que a autoridade municipal local não cumpriu as suas obrigações. Não dispunham de um plano previamente elaborado para fazer face à evolução dos tempos e das necessidades, nem tinham capacidade para manter o património antigo. Os serviços essenciais entraram em rutura face à pressão extrema das populações, bem como à negligência e à falta de manutenção. Por isso, esta parte da cidade transformou-se numa das zonas mais sombrias de todo o centro urbano. É lamentável que um exemplo tão maravilhoso da arquitetura urbana indiana tenha sido deixado ao abandono.

Os residentes entrevistados para efeitos do presente estudo exprimiram a sua forte opinião sobre a atual situação de má manutenção dos equipamentos cívicos. Os residentes entrevistados para efeitos do presente estudo manifestaram a sua forte opinião sobre o estado atual de má manutenção dos equipamentos cívicos. De facto, em alguns locais, todo o sistema municipal parece ter desaparecido. Nenhum cano de água chegou ainda a partes da zona de Dhokra Shahid. Os esgotos abertos estão quase cheios de sujidade e de águas residuais. A atitude descuidada do município deve-se ao facto de esta zona ter deixado de ser o centro da atividade urbana. Com a abolição do sistema zamindary, o papel do Barddhaman Raj na vida socioeconómica da cidade diminuiu. A classe de elite que se agrupava em torno do palácio real também mudou a sua residência para locais melhores ou emigrou para a metrópole de Calcutá.

Além disso, esta parte da cidade tem a marca da passagem do tempo. Antigos edifícios majestosos, com os seus estilos arquitectónicos fascinantes, continuam a sobreviver num estado de abandono e negligência. As condições de habitação precárias vieram juntar-se ao mau estado ambiental da zona. A soma total: um nível de vida em queda gradual.

A questão que se coloca é a seguinte: qual poderá ser a solução para estes problemas?

Não há uma resposta simples para esta questão. O município deve tomar uma iniciativa ativa para atualizar o nível de vida degradado da zona. Os serviços devem ser prestados, as estradas e os comboios devem ser limpos e o lixo deve ser removido.

O afastamento da zona dos meios de transporte modernos, ou seja, das estradas e dos caminhos-de-ferro (a zona está longe da paragem de autocarros e da estação de comboios, não só em termos de distância física, mas também em termos do tempo necessário para viajar através do congestionado CBD do centro). Esta desvantagem dificilmente pode ser atenuada, mas devem ser abertas outras vias de oportunidade económica para infundir sangue novo na economia mori bund da região. Uma vez que o mercado grossista da cidade se situa na zona e que as várias fábricas de transformação de produtos agrícolas não se encontram muito longe, há grandes possibilidades de um maior impulso económico no futuro.

Table No.1

Population Growth Rate of Barddhaman

1901-1991

Year	Previous	Decadal variation	Growth rate in %
1901	35022	-	-
1911	35921	+ 899	2.56
1921	34616	-1305	-3.63
1931	39618	+5002	14.45
1941	62910	+23292	58.79
1951	75376	+12466	19.82
1961	1,08,224	+32848	43.58
1971	1,43,312	+35094	32.43
1981	1,67,364	+24049	16.78
1991	2,44,789	+77425	46.26

Table No.2

Wardwise Density of Population

Burdwan

1981

Ward No.	Total population	Area in sq.km	Density of population
1	17103	1.23	13904.88
2	10503	0.73	14387.67
3	9437	0.84	11234.52
4	7910	0.80	9887.5
5	3095	0.20	15475.0
6	4264	0.49	8702.04
7	3650	0.21	17380.95
8	3406	0.32	10643.75
9	2598	0.31	8380.65
10	6311	0.86	5427.46
11	2988	0.20	7338.37
12	2643	0.32	14940.00
13	8184	1.17	8259.38
14	2463	0.31	7945.16
15	5524	0.72	7672.22
16	3978	0.26	15300.00
17	4126	0.71	5811.27
18	3933	0.82	4796.34
19	4660	1.10	4236.36
20	7197	1.84	3911.41
21	7743	1.85	4185.41
22	5846	1.78	3284.27
23	14525	1.83	7937.16
24	13408	1.83	7326.78
25	11869	1.88	6313.30

Table No.3

Wardwise Density of Population

Barddhaman

1991

Ward No.	Total Population	Area in sq. km.	Density of Population
1	13344	1.21	11028.10
2	14368	0.56	25657.14
3	14271	0.64	22298.44
4	12433	0.72	17268.06
5	8695	0.94	9250.00
6	4417	0.19	23247.37
7	5053	0.32	15790.63
8	2888	0.24	12033.33
9	6192	0.19	32589.47
10	4829	0.29	16651.72
11	5751	0.79	7373.08
12	5847	0.86	6798.84
13	8460	1.05	8057.14
14	13937	2.13	6261.50
15	5505	0.68	8095.59
16	10447	1.35	7738.52
16	10447	1.35	7738.52
17	9149	0.56	16337.50
18	6253	0.24	26054.17
19	5882	0.32	18381.25
20	12989	1.77	7335.03
21	11843	2.41	4914.11
22	5605	1.05	5338.10
23	8304	1.93	4302.59
24	8973	1.13	7940.71
25	4230	0.45	9400.00
26	5944	0.32	18575.00
27	6794	0.24	28308.33
28	3935	0.24	16395.83
29	7406	0.32	23143.75

Table No.4
Wardwise distribution of the Hindus and the Non-Bengalee Hindus in Barddhaman (in %)

Ward No.	Hindu Total in (%)	Non-Bengalee Hindu in (%)
1	73.9	16.2
2	94.5	43.7
3	60.2	8.7
4	96.8	18.5
5	54.3	12.2
6	94.9	14.0
7	71.6	15.6
8	95.8	4.8
9	97.4	3.8
10	99.5	1.8
11	77.2	10.0
12	94.4	14.0
13	87.0	7.1
14	97.9	25.3
15	35.9	7.2
16	80.8	4.4
17	99.9	72.7
18	93.5	28.4
19	95.5	11.3
20	62.5	7.7
21	99.9	4.1
22	98.2	11.2
23	96.1	1.5
24	91.0	2.6
25	95.0	4.7

Table No.5

Birth Place

Old core of Barddhaman

Town, District State, Country	Percentage of respondents
Barddhaman	48
Calcutta	2
Murshidabad	2.11
Nadia	1.67
Birbhum	1.43
Bankura	9.23
Barddhaman	18.37
Purulia	1.33
Howrah	0.33
Hooghly	3.00
24 Parganas	3.00
Bihar	3.13
U.P.	1
M.P.	0.61
Rajasthan	0.63
Gujrat	0.58
Bangladesh	3.58

Table No.6

Migration of Respondents

Old core of Barddhaman

Town, District State, Country	Percentage of Respondents
Barddhaman	48
Calcutta	2.66
Murshidabad	2
Nadia	1.67
Birbhum	1.33
Bankura	8.33
Barddhaman	16.67
Purulia	1.33
Howrah	.33
Hooghly	3.33
Medinipur	2
24 Parganas	1
Bihar	4.67
U.P.	1
M.P.	0.67
Rajasthan	0.67
Gujarat	0.67
Bangladesh	3.67

Table No.7

Respondents' length of stay in Barddhaman

Length of stay in years	Number of Respondents
0-10	16
11-20	28
21-30	42
31-40	60
41-50	80
51-60	40
61-70	30
71-80	4

Table No.8

Duration of stay at present residence

Length of stay in years	% of respondents
0-10	15.66
11-20	24
21-30	15.33
31-40	14.33
41-50	17.66
51-60	9.66
61-70	3.33

Table No.9

Age-Sex Structure of Respondents

Old core of Barddhaman

Respondents age (in years)	Male	
20-30	10	5
31-40	36	12
41-50	90	25
51-60	70	10
61-70	22	8
71-80	9	2
81-90	1	0

Table No.10

Educational Status of Respondents in Percentage
Old core of Barddhaman

Ward No.	Illiterate	Less than Madhyamik	Madhyamik	H.S.	Graduate	Post Graduate	Ph.D.	Other technical education
24	5	15	30	10	25	15	0	0
25	0	0	6.66	3.33	40	33.34	13.34	3.3 3
26	7	28	18	6	24	16	0	1
27	15.19	27.85	8.26	6.33	29.11	10.12	1.27	1.27
28	0	3.45	20.70	7.90	44.80	17.25	3.45	3.45
29	2.38	30.95	11.90	4.76	19.05	21.44	9.52	0

Table No.11

Occupation Types, Old core of Barddhaman3

Ward no	Secondary: Light Industry	Heavy Industry	Construc- tion	Tertiary: Govt. service	Education - al ser- vice	Financial Institu- tional service	Informal workers	Other profess- ional (Advocate etc.service	Other Businesses (Export, Hotel etc.)	Professional (Doctor, Companies)	Jewellary	Grocery	Betle leaf & Tea	Cloth	Retired
24	0	0	0	10	15	15	15	0	0	5	30	0	0	0	10
25	0	3.33	0	6.66	46.62	6.66	0	9.99	3.33	6.66	0	6.66	0	6.66	3.33
26	10	2	0	10	16	4	8	5	18	5	2	7	2	5	6
27	2.5	0	1.25	8.75	15	2.5	11.25	8.75	23.75	1.25	8.75	1.25	5	3.75	6.25
28	0	6.29	10.34	20.7	6.89	0	0	20.68	13.79	0	6.89	0	0	0	13.79
29	0	0	0	7.14	38.09	4.76	0	7.14	21.42	4.76	4.76	0	0	4.76	7.14

Table No.12

Wardwise distribution of respondents in different occupational categories in percentages in ascending order

Ward no															
24	0	0	0	0	0	0	0	0	5	10	10	15	15	15	30
25	0	0	0	0	0	3.33	3.33	3.33	6.66	6.66	6.66	6.66	6.66	9.99	46.62
26	0	2	2	2	3	4	5	5	7	8	8	10	10	16	18
27	0	1.25	1.25	1.25	2.5	2.5	3.75	5	6.25	8.75	8.75	8.75	1.25	15	23.75
28	0	0	0	0	0	0	0	6.9	6.9	6.9	10.344	13.8	13.8	20.7	20.7
29	0	0	0	0	0	0	4.76	4.76	4.76	4.76	7.14	7.14	7.14	21.43	38.09

Table No.13

Wardwise distribution of respondents in different categories as Cumulative percentage in ascending order in old core Barddhaman

Ward no.	Secondary: Light Industry	Secondary: Heavy Industry	Secondary: Construction
24	0	0	0
25	0	0	0
26	0	2	4
27	0	1.25	2.5
28	0	0	0
29	0	0	0

Tertiary

Ward No.	Govt. Service	Education-al service	Financial Institution-al service	Informal workers	Other professional (Advocate etc. service	Other Businesses (Export, Hotel etc.)	Professional (Doctor, companies)	Jewellery	Grocery	Betle leaf & Tea	Cloth	Retired	Progressive Total
24	0	0	0	0	0	5	15	25	40	55	70	100	310
25	0	0	3.33	6.66	9.99	16.65	23.31	29.97	36.63	43.29	53.28	100	329.11
26	6	9	13	18	23	30	38	46	56	66	82	100	493
27	3.75	6.25	8.75	12.5	17.5	23.75	32.5	41.25	50	61.25	76.25	100	439.5
28	0	0	0	0	6.9	13.8	20.7	31.044	44.844	58.64	79.34	100	355.276
29	0	0	0	4.76	9.52	14.28	19.04	26.18	33.32	48.46	61.89	100	309.45

Table No.14

Economic Status of Respondents
Old core of Barddhaman

Expenditure in Rs/Family	Ward Numbers					
	24	25	26	27	28	29
	Pqercentage of Respondents					
0-1000	0	0	10	15.19	0	4.76
1001-2000	5	0	11	31.64	24.10	19.05
2001-3000	15	6.66	22	22.78	55.20	28.58
3001-4000	40	33.34	24	19	13.80	14.28
4001-5000	20	40	14	7.59	6.90	19.05
5001-6000	10	13.34	6	1.29	0	2.38
6001-7000	5	3.33	2	2.53	0	2.38
7001-8000	5	0	5	0	0	0
8001-9000	0	0	1	0	0	0
9001-10000	0	3.33	2	0	0	9.52
30000	0	0	3	0	0	0

Table No.16

Religious groups
Old core of Barddhaman

Ward No.	The Hindus (in %)	The Muslims (in %)	The Jains (in %)
24	92.13	7.87	0
25	93.33	6.66	0
26	96	0	4
27	51.9	48.1	0
28	100	0	0
29	95.23	2.38	2.38

Table No.17
Respondents Related to Former Maharajas
Old core of Barddhaman

	Ward Nos.					
	24	25	26	27	28	29
Khatriya (in %)	20	0	9	12.66	34.5	14.29

Table No.18
House types of Respondents
Old core of Barddhaman

Ward No.	Rented House (in %)	Own house (in %)	Institutional (in %)
24	30	70	0
25	20	13.33	66.66
26	11	89	0
27	25.31	74.68	0
28	27.6	69	3.44
29	16.7	64.28	19.04

Table No.19

Perception of Residential location

Old core of Barddhaman

Liking of Respondents	Percentage of Respondents
Like it very much	63.33
Not much	30.33
Indifferent	5.00
Don't like	0.66
Strongly dislike	0.65

Table No.20A *

Accommodation facility

Ward No.	Very bad	Costly or Bad	Moderate	Cheap or good	Very good
24	0	10	90	35	15
25	0	0	10	63.27	26.64
26	0	4	36	55	5
27	0	13.92	22.78	54.43	8.862
28	0	6.89	62.06	27.58	3.45
29	0	16.66	11.90	54.76	16.66

Table No.20B*

Food Availability

Ward No.	Very bad	Costly or Bad	Moderate	Cheap or good	Very good
24	0	20	50	20	10
25	19.98	83.3	29.97	13.32	3.33
26	0	2	27	56	15
27	0	0	35.44	59.50	5.06
28	3.45	0	41.4	55.2	0
29	2.38	0	21.42	49.98	26.18

Table No.20C*

Educational opportunity

Ward No.	Very bad	Costly or Bad	Moderate	Cheap or good	Very good
24	0	0	10	50	40
25	0	0	9.99	49.95	39.96
26	0	0	4	31	65
27	0	1.266	6.33	50.64	41.77
28	0	0	0	89.7	10.35
29	2.38	0	9.52	57.12	30.94

Table NO. 20D *

Transport Connectivity

Ward no.	Very bad	Costly or bad	Moderate	Cheap or good	Very good
24	0	5	50	35	10
25	0	6.66	59.94	26.64	6.66
26	0	13	54	32	1
27	0	6.33	37.98	50.64	5.064
28	3.45	6.90	41.4	48.3	0
29	2.38	4.76	19.04	52.36	21.42

Table No.20E *

Medical facility

Ward no.	Very bad	Costly or bad	Moderate	Cheap or good	Very good
24	3	25	50	18	4
25	1	22	48	25	4
26	0	40	37	23	0
27	0	0	62	35	3
28	0	1	2	62	35
29	0	0	7	35	58

Table No.20F *

Garbage clearance

Ward no.	Very bad	Costly or bad	Moderate	Cheap or good	Very good
24	15	56	25	10	0
25	2	5	69	16	8
26	15	34	27	24	0
27	43.04	18.99	19	19	0
28	10.35	58.65	10.35	20.7	0
29	2.38	4.76	19.04	52.36	21.42

Table No.20G *

Public Utility Services

Ward no.	Very bad	Costly or bad	Moderate	Cheap or good	Very good
24	5	12	48	25	10
25	0	0	9	40	51
26	0	52	40	3	0
27	7	10	68	15	0
28	2	8	60	20	10
29	3	24	53	10	10

Table No.20H *

Road width & Maintenance

Ward no.	Very bad	Costly or bad	Moderate	Cheap or good	Very good
24	0	0	48	20	32
25	0	0	15	60	25
26	5	29	52	18	1
27	7	25	60	8	0
28	3	5	12	25	55
29	0	0	10	22	68

Table No.20 I *

Proximity to place of work

Ward No.	Very bad	Costly or bad	Moderate	Cheap or good	Very good
24	0	4	10	27	59
25	0	0	4	18	78
26	0	12	30	50	8
27	0	2	62	28	8
28	0	4	53	23	20
29	2	6	42	30	20

Table No.20 J *

Proximity to Banks, Shops etc.

Ward No.	Very bad	Costly or bad	Moderate	Cheap or good	Very good
24	0	0	23	67	10
25	8	62	28	2	0
26	0	0	9	71	20
27	0	0	4	23	78
28	0	0	25	65	10
29	0	0	2	28	70

* Percentage of Respondents

BIBLIOGRAPHY

Census & Gazetteers :

A. Bengal District Gazetteers (1910), Burdwan : J.C.K. Petterson, Bengal Secretariat Book Depot.

B. Census of India (1981). West Bengal, Series 23, Controller of Publications, Delhi.

C. Municipality Hand Book, 1981.

Books :

A. Brush E. John, 1962. The Morphology of Indian cities in Roy Turner (Edited), India's Urban Future.

B. Choudhury, Yagesswer, 1982, Barddhaman : Itihus & Sanskriti (I & II), Book Syndicate Private Ltd.

C. Carter H, 1972. The Study of Urban Geograpghy, Edward Arnold Ltd.

D. Chorkey R.J. & Peter haggett (Edited), 1967. Frontiers in Geographical Teaching, The Madingley Lectures for 1963, Methuen & Co. Ltd., London.

E. Croxton F.E., D.J. Cowden & S. Klein, 1969, Applied General Statistics, Indian Private Limited.

F. Dan Sudhir Chandra, 1992, Barddhaman Parikrama, Book Syndicate Private Limited.

G. Daniel P. & Michael Hopkinson,1979, The Geography of Settlement, Oliver and Boyd.

H. Haddon John, B.A. 1975, Local Geography in towns, London : George Philip and Sen Ltd.

I. Herbert David & D.T. Thomas, 1982, Urban Geography : A First Approach, John Wiley & Sons.

J. Herbert David, 1972, Urban Geography - A Social perspective, David & Charles : Newton Abbot London Vancouver.

K. Mukhopadhya Rakhaldas, Raj Bansacharit.

L. Misra R.P., Dr. P.D. Mahadev & D.C. Jayashankar (Editors), 1972, Urban Systems and Rural Development (Part I), Prasaranga, University of Mysore.

M. Moser, Sir Claus & Graham Kalton, 1979, Survey Methods in Social Investigation, ELBS & Heinemann.

N. Rame Gowda, K.S., 1972, Urban and Regional Planning, Prasaranga, University of Mysore.

O. Stuart W, Sinclair, 1979, Urbanisation and Labour markets in Developing Countries, ELBS & CHL.

MIX
Papier aus verantwortungsvollen Quellen
Paper from responsible sources
FSC® C105338

Printed by Books on Demand GmbH, Norderstedt / Germany